因地制宜的造园规划

宿根花园设计与植物搭配

日本NHK出版 编 [日]天野麻里绘 监修 光合作用 译

湖南科学技术出版社

前言　关注宿根植物的角色

每个人都有各自喜欢的花吧？从一见钟情的花到机缘巧合遇上的花。

想要被自己喜欢的花包围，花园里种的也都是自己喜欢的花，可是，为什么会有看起来不够好看，还有点美中不足的感觉？如果只收集“自己喜欢的”，必然容易导致氛围相似的花居多。花园，是用来欣赏各种植物的搭配的地方。通过将不同类型的植物组合在一起，可以使自己喜欢的花显得更美妙。

本书根据花与叶的颜色与形状、株型等，将花园中的观赏宿根植物分为四类，并介绍了搭配的方法。只要知道了这个方法，就会对自己至今从未选择过的植物刮目相看，也一定能打造出更富于变化、表情丰富的花园。

那么，一起开始试试看吧。

天野麻里绘

天野麻里绘日本东京农业大学造园科学科毕业。现任日本爱知县丰田市园艺博物馆的首席园艺师，负责造园及植物的维护。倡导根据植物的特性、姿态、形状来制定简单易懂的园艺方案，让新手也能理解该如何搭配植物等

目录

基本篇　了解宿根植物角色的规律

实践篇　运用角色规律打造自己喜爱的花园

本书的内容以日本关东地区以西的温暖地域为基准。地域的气候不同，内容可能会有所不同。

图鉴篇 体现四大角色的宿根植物图鉴

基本篇

了解宿根植物角色的规律

想要将宿根植物巧妙地组合起来，关键在于从花朵的色彩与大小、草木的高度、植株的姿态等着眼，对这一植物将在花园之中扮演怎样的角色做到心中有数。在此将宿根植物的角色分成四大类，并介绍其规律。

组合前先了解宿根植物的四大角色

栽植时，您是否是漫不经心地将宿根植物组合在一起呢？如果将宿根植物分成四种角色进行搭配的话，就能各显其所长，营造一个充满魅力的花园。

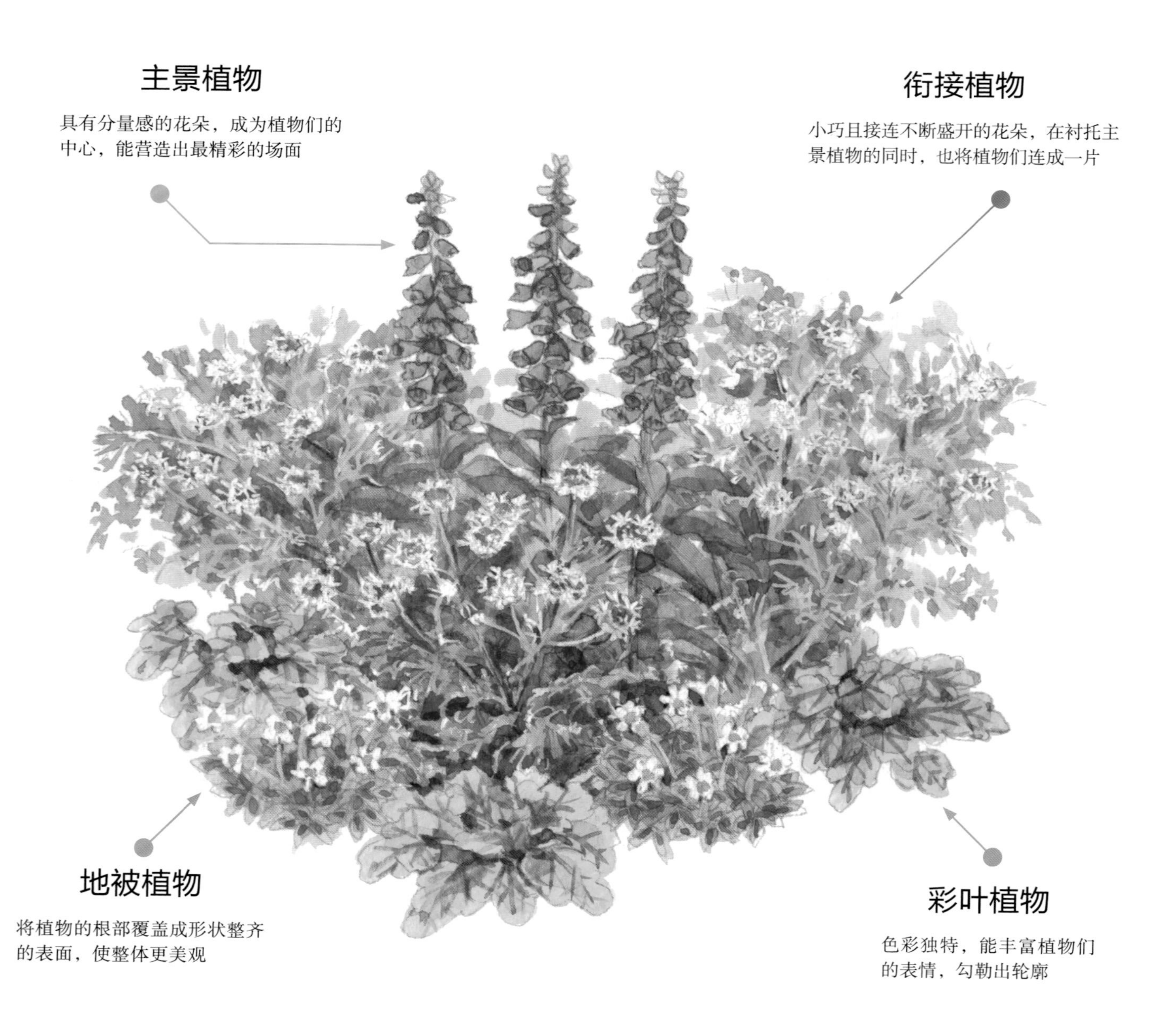

不只是看花，还要看整体

观赏植物的时候，目光往往会不由自主地全落在花朵上。而植物除了花以外，还有茎和叶等各个部分，其整体决定了植物的形象。另外，开花在植物的生长过程中也只是一时的。我们更长时间看到的，实际上是茎和叶，以及植株整体的样子。

特别是随着生长发育会有巨大变化的宿根植物，提前了解其最终的平衡状态和尺寸大小尤为关键。并且，有的宿根植物在休眠期时地上部分会枯萎。

观赏植物时，要以长远的眼光来掌握植株整体的样子，这一点是很重要的。

根据植株的整体形态，分成四大类

从这样的视角重新观看植物就会发现，植物中也是有的能当主角，有的虽然不足以当主角，但对于营造花园的氛围是不可或缺的。

本书从花朵与茎叶的形状、大小、色彩以及整体形态出发，将宿根植物按“主景植物”“衔接植物”“彩叶植物”“地被植物”四大角色进行分类并介绍。关于详细分类，请翻阅之后的内容。

通过分类，每种植物的特征得以整理，便可以均衡地选择和衔接植物。即使植物挑选容易流于固定形式，但只要知道角色类型，变化的范围也就更广了。结合栽种场所及自己在心中描绘的样貌，请尽情感受独家搭配的快乐。

四大角色植物均衡栽入，整体布置得张弛有致、富有魅力。郁金香①是主景植物，雏菊②和海石竹③、路边青‘迈泰’④是衔接植物，矾根⑤是彩叶植物。临时救‘午夜阳光’⑥是地被植物

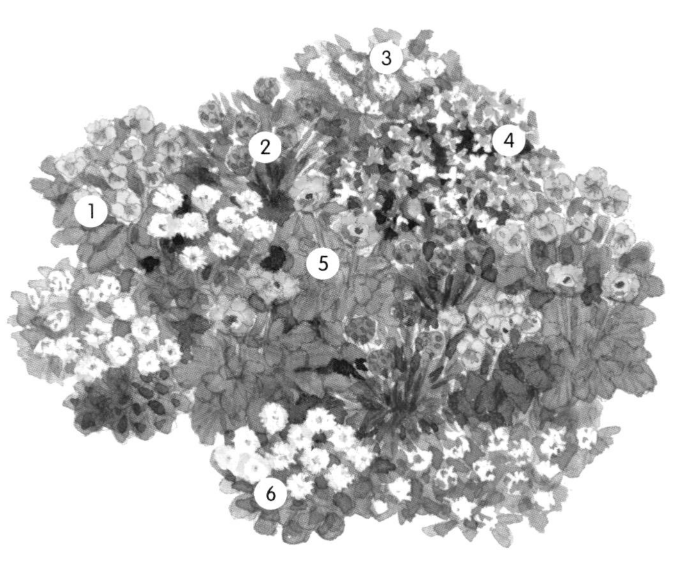

角堇①、海石竹②、香雪球③、海滨希腊芥④、路边青‘迈泰’⑤、雏菊⑥，栽种的全都是衔接植物，没有重点，整体不能给人留下具体的印象

主景植物

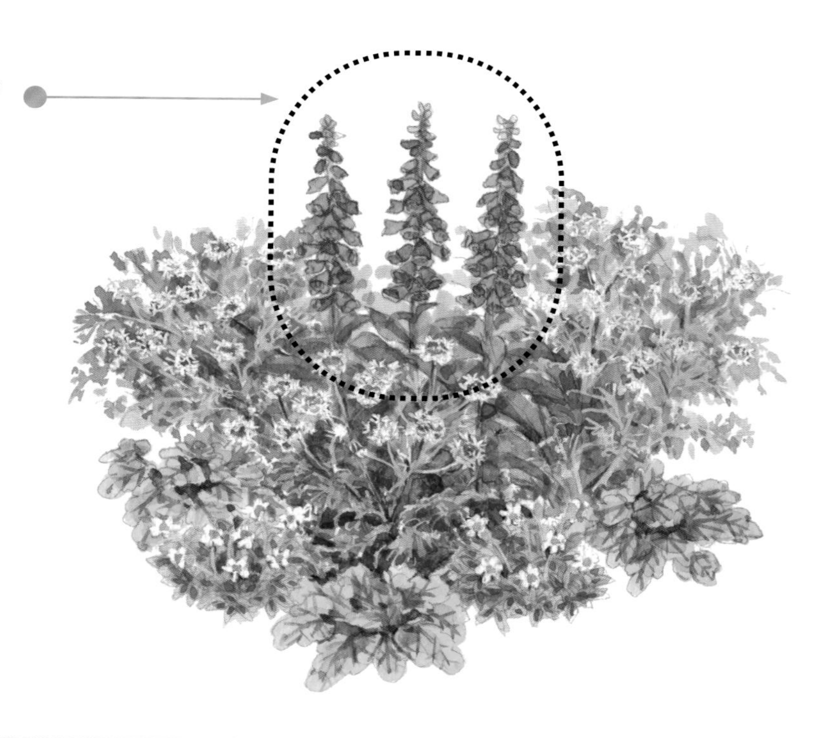

- 最初映入眼帘、作为花园的看点
- 使空间变得活跃、让人印象深刻
- 单朵的花、大而醒目的
- 单朵的花即使小，也是穗状或总状花序、有体积感的
- 植株有体积感、株姿引人注目的

主景植物的角色

主景植物，如字面意思，成为花园或花坛的主角的植物。当人们看到花园或花坛时，会最先映入眼帘、决定当场的印象。因为是花园的关键点，所以也关系到视线的引导，可以营造出精彩的场面。同时，活跃的氛围能使视线集中，制造让人印象深刻的一幕。

成为主景植物的植物

花朵引人注目是成为主景植物的条件。花形硕大的当然不在话下，即使单朵花花形比较小，但如果是穗状花序或总状花序、有体积感的，因为有存在感，也能成为主景植物。

还有，具有一定高度或株姿有张力，能从周围的植物中脱颖而出的，也能成为主景植物。

选择使用方法的要点

如何搭配植物虽然能帮助改变局部氛围，但更大程度左右花园之印象的，还是主景植物。为了塑造接近自己心中所描绘的花园，要格外小心地选择符合印象的花。

主景植物种在花园中容易集中视线的地方也会更有效。另外，宿根植物中花量大有魅力的种类很多，但大多花期较短，这是个难点。将不同花期的宿根植物搭配在一起，可以营造出为期较长的看点。

能成为主景植物的宿根植物

单朵大花

花毛茛

百合

黑心金光菊

实例

在小花的角堇和紫娇花‘银色蕾丝’之中，郁金香硕大的花朵格外引人注目。

单朵的花即使小，也是穗状或总状花序

福禄考

乔木绣球‘安娜贝尔’

杂交多叶羽扇豆

实例

小花呈穗状的翠雀。即使被其他植物所包围，依然具有独特的存在感。

植株大且有体积感

秋牡丹

大叶醉鱼草

鼠尾草‘天蓝花’

实例

高大而茂盛的鼠尾草，凭借其株姿即可成为主景植物。照片中的是鼠尾草‘愿望’。

衔接植物

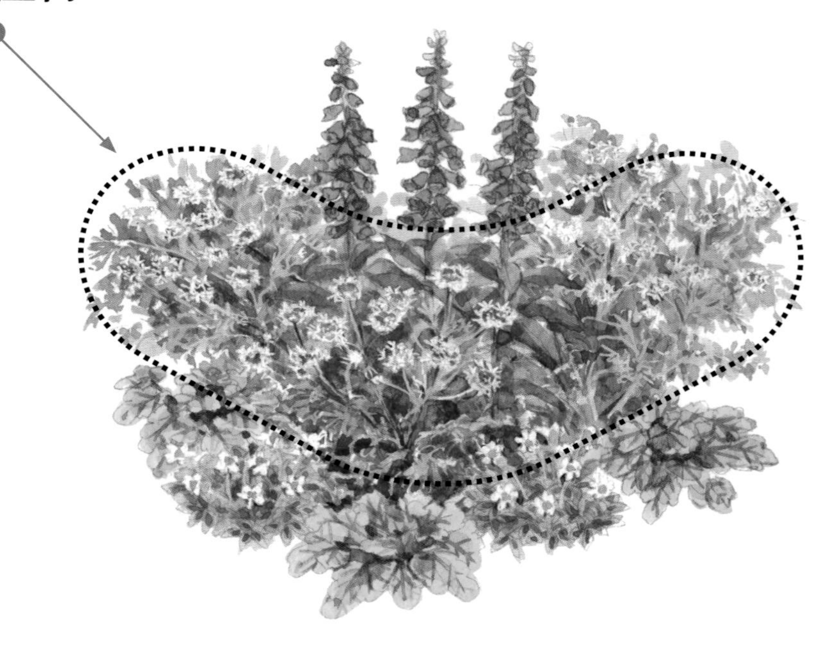

- 能衬托主景植物的花朵
- 能连接各种植物、使整体和谐
- 易分枝、花量大的
- 茂盛紧凑、开小花的
- 花与叶小巧美丽、看点多的

衔接植物的角色

如果只有华丽的主景植物，就会失去稳重感，花园或花坛会变得让人感到不协调。衬托主景花卉，穿插在各种植物之间，把植物们彼此连接起来，从而达到整体的和谐，这就是衔接植物的作用。

成为衔接植物的植物

即使单个的花朵并不那么惹人注目，但通过和各种植物搭配在一起，其优点就能表现出来，这样的植物有很多。

比主景植物花朵小、花形也不同的植物，能衬托主景植物花朵。枝叶如呈喷雾状派生的植物，与周围的植物相缠绕，能起到连接植物的作用。植株茂盛又紧凑、开满小花的品种，搭配在茎叶舒展、体积大的主景植物旁边，可以使眼睛得到休息，并显得张弛有度。而花与叶都好看的品种，还能起到衬托的效果。

有很多品种花虽小，但容易开花，且很长时间接连不断地开花，正好可以填补花期短的大花主景植物没有开花的空白时期。

选择 / 使用方法的要点

使用比主景花朵更谨慎的或淡色的花色，更容易达到和谐的效果。如果选择叶片颜色也美的植物，还能增加看点。

衔接植物的效果

易分枝型

大花奥莱芹
‘蕾丝花’

千日红

金鸡菊

实例

中间层开粉色小花的异株蝇子草正是这一类型。花茎与旁边的植物缠绕，更有整体感。

茂盛紧凑开小花型

四季秋海棠

角堇

海石竹

实例

前排的雏菊与纸鳞托菊是花朵茂盛型的。与大花的对比形成张弛感，也让眼睛得到休息。

花与叶都好看型

白舌假匹菊

毛剪秋罗

蜜蜡花

实例

中间的紫叶珍珠菜‘博若莱葡萄酒’是这一类型。除了花，其银灰色的叶片也能衬托周围的花朵。

彩叶植物

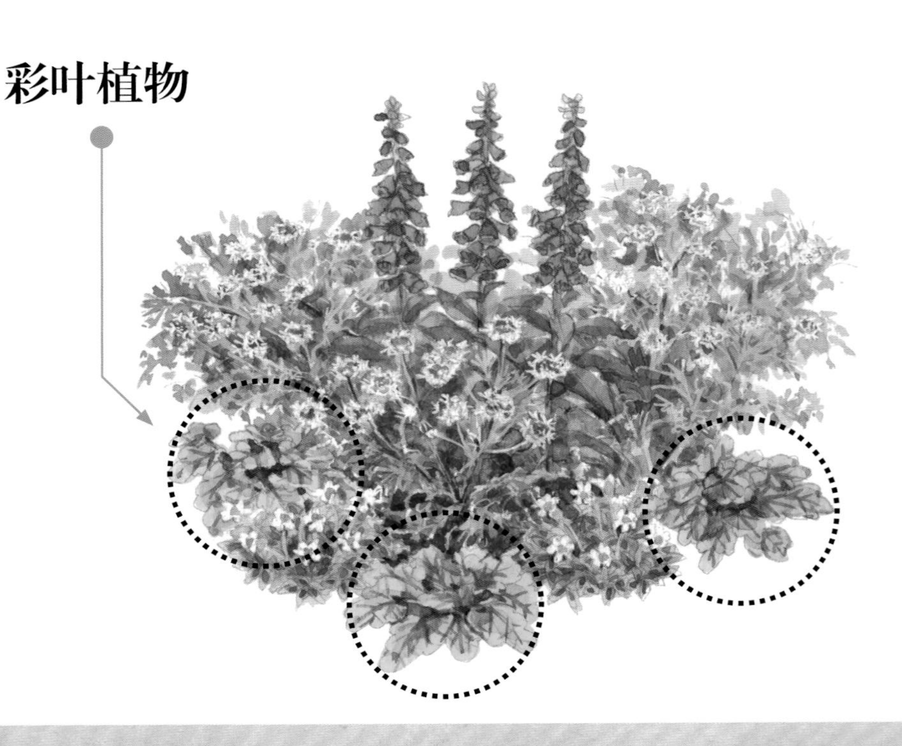

- 作为背景以衬托花朵
- 作为强调色、丰富花境的表情

- 叶片颜色好看的
- 叶片形状有个性的
- 叶片颜色会随着温度或季节变化而变化的

彩叶植物的角色

虽然因植物的种类而异，但有花开的时间绝对不算长。不过，如果叶片是常绿的话，即使一年中总有落叶的时候，也比花朵的存在时间长。

色泽美丽的彩叶植物，其本身可以作为背景，使花朵看起来更美，叶片的颜色还能起到强调的作用，能在较长的时期内为花园或花坛带来点缀和变化。

选择 / 使用方法的要点

虽说是观叶植物，但彩叶的效果大到甚至可以改变花朵给人的印象。所以要注意搭配时添加的量和平衡度。

不仅叶片的颜色，叶片的大小及形状也是关键的要素。越是大而平坦的叶片，其颜色越能突显，所以能让人充分地欣赏色彩，给人厚重的印象。带有深裂纹或细长的叶片，会随风摇动，所以给人纤细的印象。小而茂密的叶片，虽然叶片的颜色会充分地映入眼帘，但还是会有纤细的感觉。

另外，叶片的触感和视觉质感（肌理）也是重要的要素。被茸毛覆盖的、毛茸茸的叶片，给人柔软的印象。而表面有光泽或形状尖锐的叶片，则给人坚硬的印象。

此外，选择叶片的颜色会发生变化的植物，如春天的嫩芽、秋天的红叶等，还能欣赏季节的变迁。

彩叶植物的效果

银色（银白色）

因明亮清晰的印象，有缓和艳丽花色的效果。接近白色的无彩色，与任何花色都容易搭配，但没有白色那么明亮，所以会给人沉稳的印象。有明亮的银叶（银灰色）和带点蓝色的银叶（青灰色）。

银叶菊「天狼星」

N.Yamamoto

银旋花

NP-Y.Itoh

宽萼苏

M.Amano

青铜色（铜色）

给人高雅成熟的印象。可以使过于鲜艳的植物变得素净、使淡色组合整体收拢。配置在亮色或鲜艳的颜色边上，通过反差效果，形成有冲击力的风景。所占比重多了会导致整体变暗，从远处看仿佛空了个洞，所以仅限于作为突出点少量使用。

金叶风箱果「小恶魔」

NP-T.Maki

朱蕉「红星」

NP-T.Maki

矾根「黑莓挞」

Hakusan

来檬色、金黄色

明亮得仿佛有阳光照射一般。加入到同类色、相似色的黄色或橙色中，可以加深黄色或橙色的印象。与互补色（对比色）的蓝色系组合的话，反差效果会形成鲜明的印象。用多了会显得不够稳重，所以要搭配其他的彩叶等，注意平衡。

冬绿金丝桃「金色光彩」

NP-Y.Itoh

岷江蓝雪花「沙漠天空」

Lay House

小蜡「柠檬&莱姆」

NP-T.Maki

花斑色

使花境变得明亮、有个性。斑纹面积越大，越能给人清爽明快的印象。细小的斑纹给人尖锐的印象，而斑纹像洇开那样交织在一起的，会给人细腻的印象。斑纹颜色从白色到奶油色、黄色等都有。还有很多植物的斑纹到了冬天会变红，季节变化也很美。用多了会变得杂乱，只能点到即止。

亚麻叶糖芥「科茨沃尔德的宝石」

NP-Y.Itoh

长叶木藜芦「彩妆」

NP-T.Maki

大花新风轮草「杂色」

M.Amano

地被植物

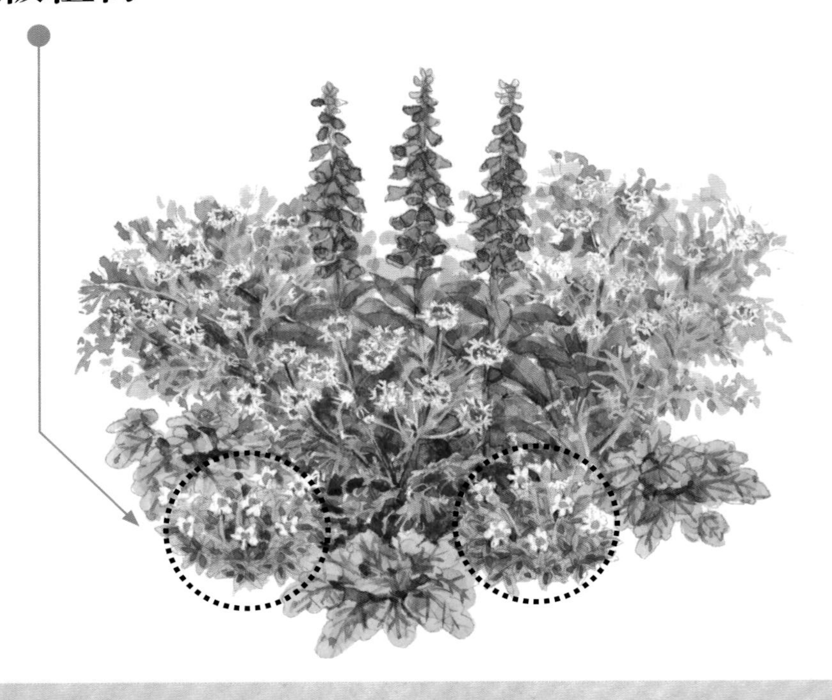

- 将花境的前侧打扮整齐，使整体显得更漂亮
- 一年四季覆盖地面
- 常绿、可以一直种着、全年观赏
- 茎叶细小、能紧密覆盖地面
- 耐踩压

地被植物的角色

栽种区域最靠前的位置，是容易被注视到的部分。如果这块地方整齐好看，就算后面的植物稍有些零乱或在冬季植物变得稀少，也意外地不会被在意。

这个时候起作用的，是地被植物（覆盖地面般蔓延的植物）中较矮的品种。本书将这类品种作为地被植物。

叶片覆盖一定大小的空间，可以使后面的植物看起来更清爽。另外，对于像萱草那种叶片直立的植物，或在某个季节地上部分会消失的植物，也可以用来覆盖在它们的根部或周围地面。

选择 / 使用方法的要点

选择耐热耐寒的常绿植物，搭配在像玉簪那样地上部分冬季会枯萎的植物周围，到了冬季花境也不会显得冷清。还有，和不用起球、花期短的球根植物也很般配。植物们前面的配色，如果选择叶片颜色好看的地被植物，不但可以衬托后方的花色，还能起到同彩叶植物一样的效果。

对于园中小路或花坛之间、踏脚石的接缝处等，分散在花园各处的缝隙，也最适合用它们来填补，能柔化石头或砖块等的僵硬感，变成自然的风景。另外，其大多根系较浅，也能活跃于斜面或树木的植株根部等普通花草不容易种植的地方。

地被植物的效果

常绿、可以一直种着、全年观赏型

花野芝麻

黄水枝

小蔓长春花

实例

全年漂亮地覆盖地面，可以掩盖球根植物地上部分消失之后的痕迹。照片中的是婆婆纳‘乔治蓝’

茎叶细小、紧密覆盖地面型

卷耳

金叶过路黄‘金叶’

海滨蝇子草
‘斑驳德鲁特’

实例

种在花境的前侧，密密麻麻地覆盖地面，和草坪是同样的效果，可以使后面的植物显得更好看。照片中的是临时救‘午夜阳光’

耐踩压型

姬岩垂草

马蹄金

匍茎通泉草

实例

耐踩踏的种类，可以种在花园小路中的枕木或铺路石等之间

基于四大角色的搭配

1

以郁金香为主景植物的春季花园

以有体积感的重瓣郁金香为主景植物的春季花境。衔接植物用的是与郁金香相似色调的路边青和角堇，用来制造统一感，形成柔和的氛围。同为衔接植物的淡粉色的雏菊散发出舒畅的感觉。通过铜色的地被植物临时救，使花朵更鲜明地突显出来，而加拿大堇菜的紫色花朵是突出点。

基于四大角色的搭配

2

花美叶美的衔接植物大显身手

6月，主景植物是杏色的毛地黄。衔接植物钓钟柳的淡薰衣草色的小花，将整体调和得具有柔和感。同样作为衔接植物的石竹和蓝花矢车菊、紫叶珍珠菜的暗色花朵增加了高雅的印象。深色的花朵与银色彩叶形成的反差也很美妙。彩叶矾根的来檬色是互补色。种在铺路石的缝隙中的地被植物临时救，柔化了石头坚硬的印象。

3

彩叶植物将主景植物乔木绣球‘安娜贝尔’点缀得楚楚动人

通过花后修剪可以反复开到秋季的主景植物乔木绣球‘安娜贝尔’，与耐夏季酷暑的植物搭配的花境。白色的五星花起到协调作用，使花境形成柔和、明亮的氛围，来檬色的彩叶、粉花绣线菊和彩叶草使整体更明亮。恰到好处地加入香彩雀蓝紫色的花，通过反差效果，增添爽朗感。深青铜色的地被植物番薯，将脚下收拾得干净利落。

主景植物
乔木绣球‘安娜贝尔’

衔接植物
香彩雀

彩叶植物
彩叶草（荣养系）

彩叶植物
粉花绣线菊‘金焰’

地被植物
番薯‘甜卡洛琳褐’

衔接植物
五星花 涂鸦系列

基于四大角色的搭配

4

主景植物活泼的大红色花朵用深色的彩叶搭配得雅而不俗

红色为主题色的花境。主景植物是夏季也无休眠地不断开花、有体积感的树型秋海棠，配上花形不同的五星花作为衔接植物，能衬托出秋海棠的花朵。而控制其不过分花哨的，是前面的铜色彩叶矾根和黑叶鸭儿芹、沿阶草‘黑龙’以及种在左侧的暗紫红色的彩叶草。而前侧的来檬色中带有胭脂色花纹的彩叶草是突出点。

实践篇

运用角色规律打造自己喜爱的花园

想要打造符合自己喜好的花园，关键要了解宿根植物的角色规律、色彩效果，根据花境空间制定合适的年度栽种规划。在此将介绍这一方法，并对宿根植物的定植及日常维护加以介绍。

造园的步骤

从规划到定植

1

确认花园的状况，整理观赏方法

首先，确认地域气候及花园的环境等，同时整理自己希望在花园中得到怎样的享受。这将成为制订栽种计划时的基准。

➔ P20 造园前要确认的事项

2

决定主景植物

从自己想尝试栽培的植物中，找出可以成为主景植物的花卉。当然，关键是要选择适合栽种场所的气候及日照条件的。根据栽种场所的大小及形状，有的主景植物可能不那么好发挥，所以也要兼顾栽种空间。如果不满足于总是维持同一氛围的花园，那么就要大胆地尝试与平常不同的植物。

➔ P2 组合前先了解宿根植物的四大角色

➔ P42 因地制宜种植宿根植物

3

决定配色

色彩，是决定花园的第一印象的重要因素。对自己所追求的花园形象切换颜色，决定该如何配色、主景植物该如何组合搭配色彩。

➔ P22 配色决定氛围

想让自己喜欢的花园成为现实，要从制订栽种计划开始。做计划需要反映各种各样的要素，步骤也不是千篇一律。在此介绍从主景植物开始选定的方法。

4

选择可以衬托主景植物的植物

继续考虑第 3 步决定的配色，在适合主景植物及花期和观赏期的植物中，选出衔接植物、彩叶植物、地被植物。尽可能多列举一些，从中选择能够均衡搭配的植物。这时，也要考虑栽种空间的特性和大小、形状等，使其更具魅力。

➔ P2 组合前先了解宿根植物的四大角色

➔ P42 因地制宜种植宿根植物

5

决定换植的周期

第 4 步定下来的搭配，仅局限在有限的时期内。想要常年欣赏，就需要考虑自己将在造园上花费的工夫和理想花园的样子，首先得决定换植的周期。然后根据这个次数，考虑每个季节的搭配。同时，决定要换植的植物，组合出换植周期。也可以每个季节变换不同配色。建议先从简单的周期开始，通过长期计划，逐渐增加次数。

➔ P30 不费工夫就能让花园变漂亮的换植周期

6

定植

计划制订好了，终于可以定植了。初次造园或大幅度更改植物相当于从零开始时，应在 11 月定植。定植才是实际造园的开始。为了让植物们健康生长，要先改良好土壤再定植。定植之后的日常维护也不可马虎。

➔ P60 宿根植物的定植与日常维护

造园前要确认的事项

开始造园时，不要性急，先确认花园的环境，同时，整理出自己想要营造的花园的方案。即使感觉在绕远路，但实际上，这是实现能让自己满意的花园的近道。

了解地域的气候

植物的种类不同，耐热性及耐寒性也各不相同，想要种得合适不勉强，关键要选择适合环境的种类。首先在自己居住的地域，冬季气温会降到多少，夏季炎热时气温会高到多少，要去确认一下。

即使是可以活很多年的多年生植物，也有不耐热的品种，在夏季炎热的地域就不容易度夏，只能作为一年生植物。反之，也有因为不耐寒，需要挖出来保管在室内过冬的种类。从换植的交替顺序上来考虑，事先了解地域的气候也是很重要的。

调查日照条件

栽种场所是全日照还是半日照，能种植的植物也是不一样的。会不会被遮光，这个根据方位大致能知道，但不同季节或不同时间段，阳光的照射情况和阴影的形成情况也不同。

再有，住宅的花园中，有着各种会遮挡阳光的东西，如建筑物、围墙、树木等，阴影的形成情况也比较复杂。即使是同一片栽种空间，局部的日照条件也可能有所不同，要调查清楚。

调查土壤状态

住宅的花园，往往在建造过程中被重型机械等压实，导致排水不好。植物生长中，良好的排水是很重要的。特别是梅雨季节和夏季高温高湿时，因排水不良引起的闷热会使植物变弱。

另外，土中还常残留各种瓦砾。需要事先将它们仔细地清除，在土中翻入堆肥或腐叶土等，充分犁地，使其变成蓬松的土壤。

把握空间的特征

花园中有各种区域，特性也各不相同。既有像玄关前的空间，有较多被人看到的地方，也有从外面看不见的地方。是能给非特定的众人看到的地方，还是私人空间，其观赏的方式也会不同。再一次思考栽种空间的特性，适合栽种怎样的植物也会逐渐明朗化。

同时也要确认种植空间的大小。大小不同，能种植的植物会有变化，配置方法也会发生变化。另外，花费工夫的方式也会不同。

初夏群花烂漫的花园。想要营造美丽的花园，事前确认很重要

整理观赏需求

想把栽种区域变成怎样的空间？想如何观赏？来考虑一下吧。想要总是有繁花似锦、热热闹闹的呢？还是只在属于宿根植物之季的初夏有花欣赏就可以了呢？亦或者是想要一个葱郁幽静的空间？或是想和家人在花园中度过悠闲的时光？诸如此类，将设想具体化，才能决定要选择的植物的种类，并制订出具体的规划。

能花费多少时间

在造园上能花费多少时间、多少精力，在一开始就加以考虑也是很重要的。不仅是换植的次数，根据所用植物的种类、换植的面积、开花种类的比例等，造园所需时间也会有所变化。如果未加以考虑制定了费工夫和精力的规划，维护跟不上，反而会对造园本身感到讨厌。要充分考虑，制订不勉强的规划。

要想让现有的花园变得更有魅力

不仅是从零开始造园的人，也有不少人是已经有花园，想要替换一下既有的植物吧。

因为是对现有的花园不满意，所以要一边重新观察花园，一边想想不满意的原因在哪里。“四大作用的植物，用得是否均衡（参考 P2）？”“配色是否符合自己的设想（参考 P22）？”“想赏花的时期里有花开吗（参考 P30）？”“植物适合这个地方吗（参考 P42）？”等，这些要一项一项进行确认。知道问题所在之后，踏踏实实地制定解决该问题的计划。虽然可以一下子换掉所有的植物，但如果不想那么大动干戈，只改变一部分植物来解决问题的办法也是有的。

对于造园玩到现在的人而言，已经有那么多经验了，所以只要能够重新审视各个关键点、整理出问题点，应当是可以营造出独此一家的有魅力的花园的。

配色决定氛围

花园的印象，受花色和叶色所左右。另外，也受颜色的搭配方式、分配等的影响。了解色彩的效果，把花园看作是一块画布，用花和彩叶植物把心中的形象表现出来吧。

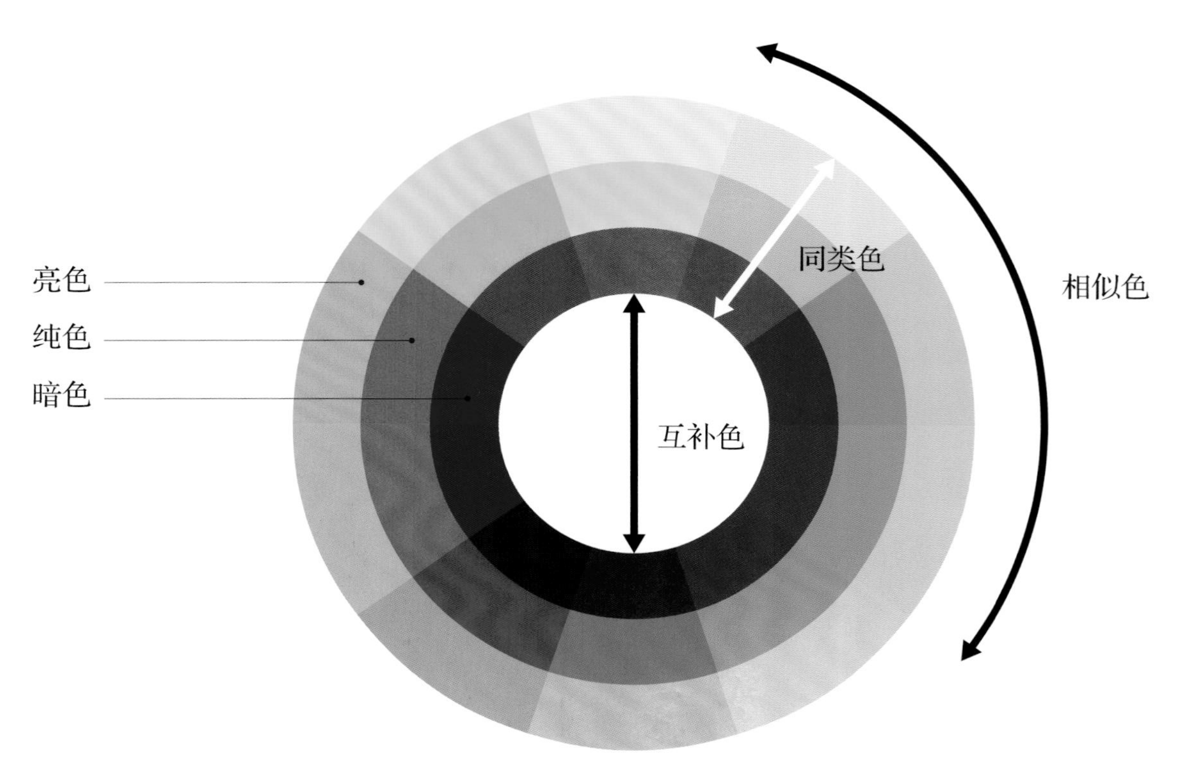

相似的色彩按顺序排列成环状，能判明颜色之间的关系

了解颜色的三要素

颜色有色相、明度、饱和度三个要素。

色相指红、黄、蓝等色彩。红色显得热情，黄色富有朝气，蓝色是清爽的等，每个颜色给人不同的印象。

明度指明亮的程度。请回想一下从白到黑亮度不同的灰色。将它混到某种颜色中，原来的颜色的亮度就会发生变化。越接近白色（亮度高），越显得轻快明亮；越接近黑色（亮度低），越显得厚重沉稳。

饱和度是指色彩的强度。饱和度越高色彩越强，给人鲜艳充满活力的印象；饱和度越低色彩越弱，给人沉稳的印象。

上图是将相似的色彩按顺序排列形成色环，再与明度和饱和度这两个要素组合而成的。相互正对的颜色称为“互补色”，相邻的颜色称为“相似色”，同样色度不同明度或饱和度的颜色称为“同类色”。它们给人的印象各不相同。

调和

粉色的郁金香和后面的羽扇豆、淡杏色的金鱼草、银色彩叶银叶菊，每种植物的颜色与色彩都是相近的，保持着和谐

熟练运用调和与对比

配色有成千上万种方法，首先要知道的是：用相似色搭配进行“调和”的方法与用相去甚远的颜色形成“对比”的方法。

将相似的颜色组合搭配，会给人和谐舒适的印象。同色彩不同明度或不同饱和度的颜色组合出来的“同类色搭配”，虽然很和谐，但容易变得单调，所以关键是要紧挨着放入些明暗度或饱和度差异较大的颜色进去，制造些变化。相邻的颜色组合而成的“相似色搭配”，因为色彩有重叠所以容易调和，并且因色彩的不同也有一定的变化。

另一方面，色相、明度、饱和度差异大的颜色组合到一起，形成反差（对比）的效果，能互相衬托。而色彩差异最大的相反色（互补色）的搭配，给人强烈鲜明的印象。但因互不相让容易显得不协调，所以要在分量上做出多与少的差异化，使其中一方作为填色，这样就能保持协调。还有，加入同类色、加宽颜色范围，多少可以缓和一些强烈感。

对比

蓝紫色的矮牵牛属与来檬色的临时救‘莉曦’的搭配。因为是互补色，通过反差的效果，给人强烈、鲜明的印象

色调带来的效果

颜色除了色相、明度、饱和度三个要素，还有色调。色调是由明度与饱和度体现出来的，即使色相（色彩）不同，但这两者相似的话，氛围是相同的。

造园上，最好要了解这三种色调：鲜艳的（高饱和度、中等明度）、清淡柔和的（中等饱和度、高明度）、深色的（中等饱和度、低明度）。

保持色调的一致，可以给人统一的印象，但缺点是容易变得单调。作为突出点加入对比的色调，可以为整体带来张力。毕竟只是突出点，所以最多只能占整体的一成左右。

M.Amano

鲜艳的

鲜明的鲜艳色，形成活泼、生气蓬勃的氛围。在远处就能引人注目，少量就能让人留下印象。使用的颜色种类过多会缺乏整体感，所以颜色数量和植物的种类要稍加控制。另外，加入明度较高的白色，可以缓和颜色的鲜艳度，变得清爽有整体感

NP

深色的

发黑的褐色或暗紫色，形成沉稳雅致的高雅氛围。不过，使用过度会给人暗淡沉重的印象，分配上一定要注意。紧挨着配上明度或饱和度高的颜色，容易保持平衡，还能相互衬托

M.Amano

清淡柔和的

浅淡的配色能让人感到明亮与柔和。就算使用多种色彩，也不会显得花里胡哨，但整体容易失去焦点。加入深色的突出点，能增加张弛变化。这样能使狭小处显得宽敞、昏暗处显得明亮

让人有季节感的色彩

日本是有四季变化的，随着季节变化而变化的风景一直以来为人们所欣赏。有从那些风景所联想到的色彩，还有与节气活动有关的颜色。将这些颜色纳入年度的栽种计划中，便能观赏到一个更有风情的花园。

春

发芽的季节。娇滴滴的嫩芽色，代表春天的花朵、樱花的粉色等，明亮柔和的色彩，给人恬静的彩粉色的印象

夏

让人印象深刻的红色，会令人联想到烈日与酷暑。也很适合与让人有释放感或爽快感的蓝色和黄色、橙色等这些鲜艳的颜色搭配

秋

红叶的季节。叶片上色、然后褪成褐色或茶色等素净的色调，便是秋的印象。深秋让人感到哀愁，紫色这类带有深度的颜色也很适合

冬

冷灰色或白色，能让人联想到冬季草木凋谢的风景以及冰霜、冻结的空气，是冬的印象。圣诞节或春节常用的红色，也是点缀冬季不可或缺的

花色搭配课程

1

粉色花卉为主景植物

Pink

粉色花卉

- 给人女性化、柔和的印象
- 华丽与高雅兼备
- 色域宽，既有软嫩的淡粉色，也有鲜艳得比红色更醒目的鲜粉红色

与紫色搭配

在粉色（大丽花）中加入紫色（延命草属），形成高雅优美的氛围。因为是偏蓝的紫色，也给人冷静的印象。再加入铜色彩叶（矾根），变成更有深度的配色。粉色的浓淡、花形各不相同的2种大丽花，丰富了表情

与白色搭配

与白花（报春花）搭配，淡粉色（郁金香）会突显出来，增加透明感。用深粉色（花毛茛）制造颜色的深度。用银色彩叶（天山蜡菊）进一步增加明亮度与高贵、优雅感。前侧加入鲜明的颜色（矾根），将整体收拢

与杏色搭配

粉中带黄的杏色（非洲万寿菊、角堇）与粉色（郁金香）搭配，形成华丽的氛围。但只是如此的话会显得俗气，所以加入银色彩叶（银叶菊）作为媒介，来檬色的彩叶（粉花绣线菊‘金焰’）作为强调

花色搭配课程

2

蓝色花卉为主景植物

Blue

蓝色花卉

- 给人爽朗、冷静的印象
- 看起来会收拢的后退色，所以想要充分地表现色彩，得多使用有体积感的花卉
- 蓝色的花较少，若能把色彩相近的紫色也加进去，能拓宽色域、制造深度

与黄色搭配

在蓝色（鼠尾草）的旁边如果有其互补色黄色（玛格丽特、非洲万寿菊），两者对比会把蓝色衬托得更加鲜明，形成时尚的氛围。添加紫色（矮牵牛、雪朵花）以拓宽色域。为了不喧宾夺主，黄色的分量要控制在蓝色的一半以下。添加明亮的花叶（常春藤），可以使蓝色花朵更突出

NP-T.Maki

M.Amano

与粉色搭配

在蓝色（翠雀）中加入带有温情的粉色（毛地黄），变成柔和有亲切感的植物。粉色是显眼的颜色，容易削弱蓝色的印象。可以多合种几株像翠雀这种有体积感的花的植物，粉色的量偏少一点

与紫色搭配

在亮蓝色（风铃草）中配入颜色相近的紫色（翠雀），紫色的知性能增添文雅的印象，形成高雅稳重的氛围。深紫色使亮蓝色显得更清澄。明亮的颜色看起来是浮出来的，所以会产生远近感，使空间感觉更大

M.Amano

花色搭配课程

3

Yellow

黄色花卉为主景植物

黄色花卉

- 给人活泼快乐、爽朗的印象
- 明亮、让人感受到光彩、会最先映入眼帘
- 色域宽，柠檬黄是小清新，鲜艳的金黄色给人豪华的印象

与杏色搭配

与带有粉色与黄色的杏色（龙面花）搭配，缓和了鲜黄色（花毛茛）的锐度，形成软绵绵的柔软氛围。带点橙色的褐色（矾根）与银色彩叶（天山蜡菊）使双方的颜色得到调和

与白色搭配

黄色（金鱼草、角堇）的鲜艳用白色（郁金香）来缓和，明亮的印象保持不变，形成柔和的氛围。银色彩叶（银叶菊）也增添了柔度。多株聚拢种在一起，将花形及株高的不同突显出来的话，柔和色的配色也不会使印象变得模糊不清

与橙色搭配

加入黄色与红色混合而成的橙色（角堇）后，黄色（金盏花、郁金香）的色域增加，表情变得丰富、更加开朗，给人充满活力的印象。银色彩叶（银叶菊）清爽地聚拢在一起，使黄橙双色的郁金香成为突出点

花色搭配课程

4

White

白色花卉为主景植物

白色花卉

- 给人清秀、纯真无邪的印象
- 因为没有色彩，所以与任何颜色都容易搭配，能不改变颜色的印象，只是进行连接、柔化
- 是看起来会显大的膨胀色，选择开花性好、有体积感的花卉，更能增加观赏价值

统一成白色

神圣得让人感到猛然绷紧的紧张感。选择花瓣和花蕊都不带颜色的植物，可以提高白色的纯度，和银叶植物（毛剪秋罗）搭配，整体显得更加明亮。为了不显单调，可以搭配翠雀、紫红柳穿鱼等姿态不同的花草

与黑色搭配

白色（毛地黄属）与黑色彩叶（矾根、蓼、紫茎泽兰‘巧克力’）搭配，使白色的明亮映衬得更突出、令人印象深刻。单色调的配色，因精炼、文雅给人成熟的印象。毛地黄的银色彩叶让人感到柔软与高级

与蓝色搭配

白色（郁金香）与爽朗的蓝色（羽扇豆）的调和，显得更加清爽，给人神清气爽的印象。明亮的白色与稳重的蓝色形成的对比也是鲜明的

不费工夫就能让花园变漂亮的换植周期

希望能一直欣赏到很多花，但也不能老是换植……可以通过换植周期来实现这个任性的想法。一起来找到适合你的周期吧。

把植物分成四大类之后进行组合

谁都希望自己的花园总是开满鲜花且富有变化。但是，植物有特定的花期，想要一年四季都能在花园里赏到花，就需要定期换植。换植的次数少的话，相应的，花的种类就会变少，观赏期也会变短。换植所耗费的工夫，与花的多样化、观赏期的长短成正比。

话虽如此，如果能够掌握植物的特性，在合适的时间进行换植，就能花费较少的工夫实现较长的观赏期。其关键点是：根据定植期和花、叶的观赏期，将植物分成 4 大类，然后再进行组合。下一页将介绍这种分类的方法，然后从第 32 页开始介绍换植周期的方案。这里将根据耗费工夫的多少，分 3 个级别来介绍方案，供大家参考。

另外，虽然多数宿根植物在初夏开花，但需要在天气变冷之前扎好根，且观赏期为晚秋到春天的一年生植物也要在秋天定植，所以将换植周期的起始时间定在 11 月。

用于花园园艺的分类

此处所说的分类，只针对在花园种植的植物。例如草花，被分为开花结籽之后就死亡的一年生植物和可以常年存活的多年生植物（宿根植物、球根植物）这两大类。

同为宿根植物，因耐热和耐寒的程度不同，可以就这么一直种着的，仅限于能承受种植环境的冷热程度的种类。但不耐夏季高温或者不耐冬季严寒的植物也不少。对这类植物进行换植，以保持花园的美丽。可以在花后挖出、放到避暑或防寒的地方养护，也可以当作一年生植物处理。

按照利用类型分类

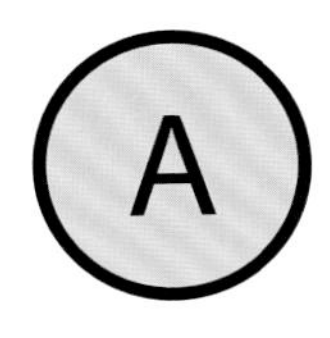

可以一直种着的植物

耐热耐寒的强健宿根植物、球根植物和灌木等。种类根据种植地的环境而有所不同。宿根植物在定植后，株姿会有较大变化，所以选定之前先了解数年之后的高度和大小是很重要的。

松果菊、铁筷子、矾根、水仙、百里香等。

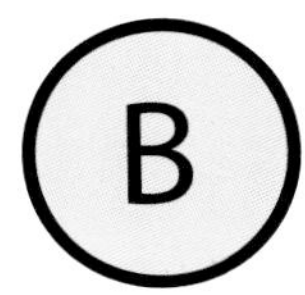

限定时期，但观赏期较长的植物

一些花期比较长，但是不耐热或不耐寒的一年生植物和宿根植物。根据花期或观叶期分为两大类。因为它们是花园配色的基础，所以关键是选择强健的、在盛夏或严冬不休眠、开花性好的品种或能保持漂亮叶片的品种。为了能以良好的状态度过冬夏，要在春秋定植。

花或叶能从秋天观赏到春天的植物。
在 11 月定植。
三色堇、角堇、紫罗兰、金盏菊等。

B 2 花或叶能从春天观赏到秋天的植物。
在 5 月定植。
秋海棠、苏丹凤仙花、香彩雀等。

秋天定植后，在第二年春天到初夏开花的植物

耐寒不耐热、在气候温暖的地区很难度夏、初夏开花的宿根植物。从秋天种下到开花的这半年里，植株不断生长，积蓄养分，在初夏开出完美的花。也包括秋季种植的球根植物，如一直种着到下一季开的花会变小的郁金香、球根容易因夏季高温腐烂的贝母等，都需要在花后把它们拔除或挖出来。

翠雀、毛地黄、郁金香等。

能精确展现季节感的植物

每到换季时，会在园艺店上市的开花植株。加入这些植物可以展现季节的变化。既有一年生的也有多年生的宿根植物。为了能与周围已经长大的植物融合，要选择株型丰满、花蕾或花朵多的植株。这类植株较多是在早春被加温催开花的，同时也有不耐寒的，所以要注意选择种植的地方。秋季定植要等“秋老虎”过了之后再进行。

春季花卉。在 3 月上旬到中旬定植。
木茼蒿、海滨希腊芥等。

秋季花卉。在 9 月上旬到中旬定植。
秋英、菊花、鬼针草等。

换植周期表示例

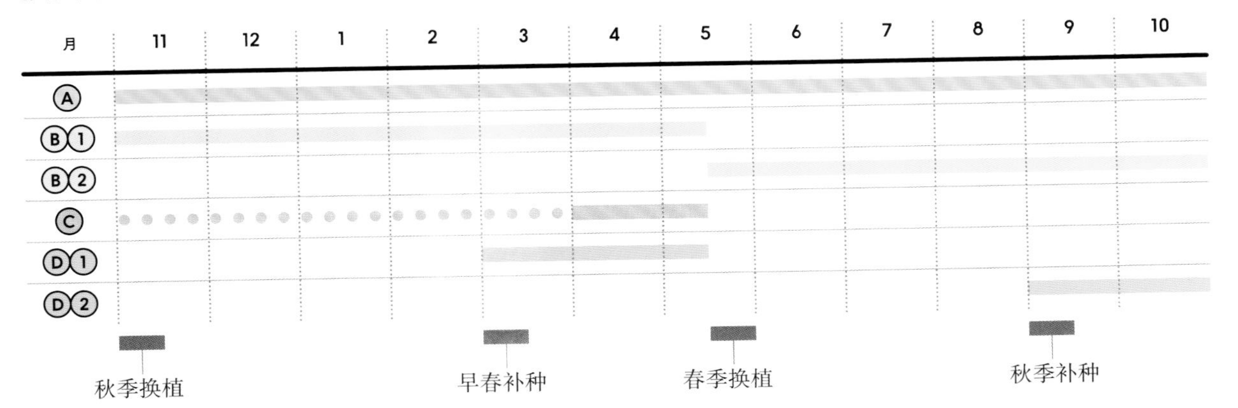

费工夫等级

1

种下去不动，到了季节就能赏花

Ⓐ 只使用 A 类植物

这个方案的植物种下去之后，好几年都可以不用动，到了季节就能欣赏到花。

可以种下去不动的“A 类植物”主要有耐热耐寒的宿根植物、球根植物和灌木。因为花期大多比较短，可以选择花期不同的植物进行搭配，其中也有花期长的，可以选这种作为整个花境的基础。另外，可以积极地采用叶片颜色漂亮的品种，即使花期短，仍然可供长期观赏。

不少植物到了冬季地上部分会枯萎，所以要与常绿植物搭配，确保花园一直有绿色，这也是关键。在花境的前部配置一些地被植物点缀脚边，在后方种入灌木作为背景，这样即使到了冬天也不会显得冷清。

虽然这次的方案里没有使用，但是如果在花境里种一些水仙之类不用起球的春花球根植物，它们会在没什么花的时期开花，预告春的到来，为花园增加亮点。

宿根植物种下去之后，直到需要分株为止，可以多年种着不动。定植后会生长到多高、植株会伸展到什么程度、变成什么样的形态，依照其长大后的样子进行配置非常重要。

月份 11 12 1 2 3 4 5 6 7 8 9 10

Ⓐ（秋季栽种）

百合‘莫纳’主景植物 — 花

凤梨鼠尾草‘金冠’主景植物 — 花 叶 花

山桃草（植株高，白花）衔接植物 — 花 花

轮叶金鸡菊 衔接植物 — 花

朱蕉（铜色叶片）彩叶植物 — 叶

匍匐筋骨草 地被植物 — 叶 花 叶

粗线表示花、叶的观赏期，细实线表示植物有地上部分的状态，虚线表示没有地上部分的状态

6月的样子

山桃草和轮叶金鸡菊不断盛开的同时，百合也开始开花，一下子变成了华丽的景象。朱蕉和筋骨草的铜色叶片、风梨鼠尾草的金黄色叶片，两者形成反差，在没有花的时候也能点缀花园

10月的样子

山桃草继续开花中。高大茂盛的凤梨鼠尾草开出朱红色的花，好一派秋景。整个冬季，朱蕉和底下的筋骨草继续点缀着花园

费工夫等级

2

一年换植两次会变得更美

A + B1 + B2 + C

这个方案推荐给想要整年都能欣赏到花，却没有太多精力去打理花园的人。

把种下去就可以不管的 A 类植物作为骨骼和框架，在 11 月加入会从秋天一直开花到春天的 B1 类植物、在 5 月加入会从初夏开到秋天的 B2 类植物，从而实现一年四季花开不断。虽然 A 类植物的花期基本都很短，但相对的，可以让人感受到季节的变化。再进一步地加入 C 类宿根草本植物，秋天种下后，到了初夏会开出漂亮的花朵，增加了看点，让花境更富有变化。

因为 B 类植物每半年就要更换，面积越大，相对的，会增加换植的工夫，摘除残花等工作也会增多。为了不被占用太多精力，要考虑好 A 与 B 的比例。另外，C 类宿根草本植物只在初夏开花，所以只要点缀在你想让人看到的地方就好。

虽然本方案中没有用到，但是推荐在一部分种 B 类植物的地方，加入可以不用起球的郁金香（C 类植物）。几乎不改变所要花费的精力，就能增加春季的看点。

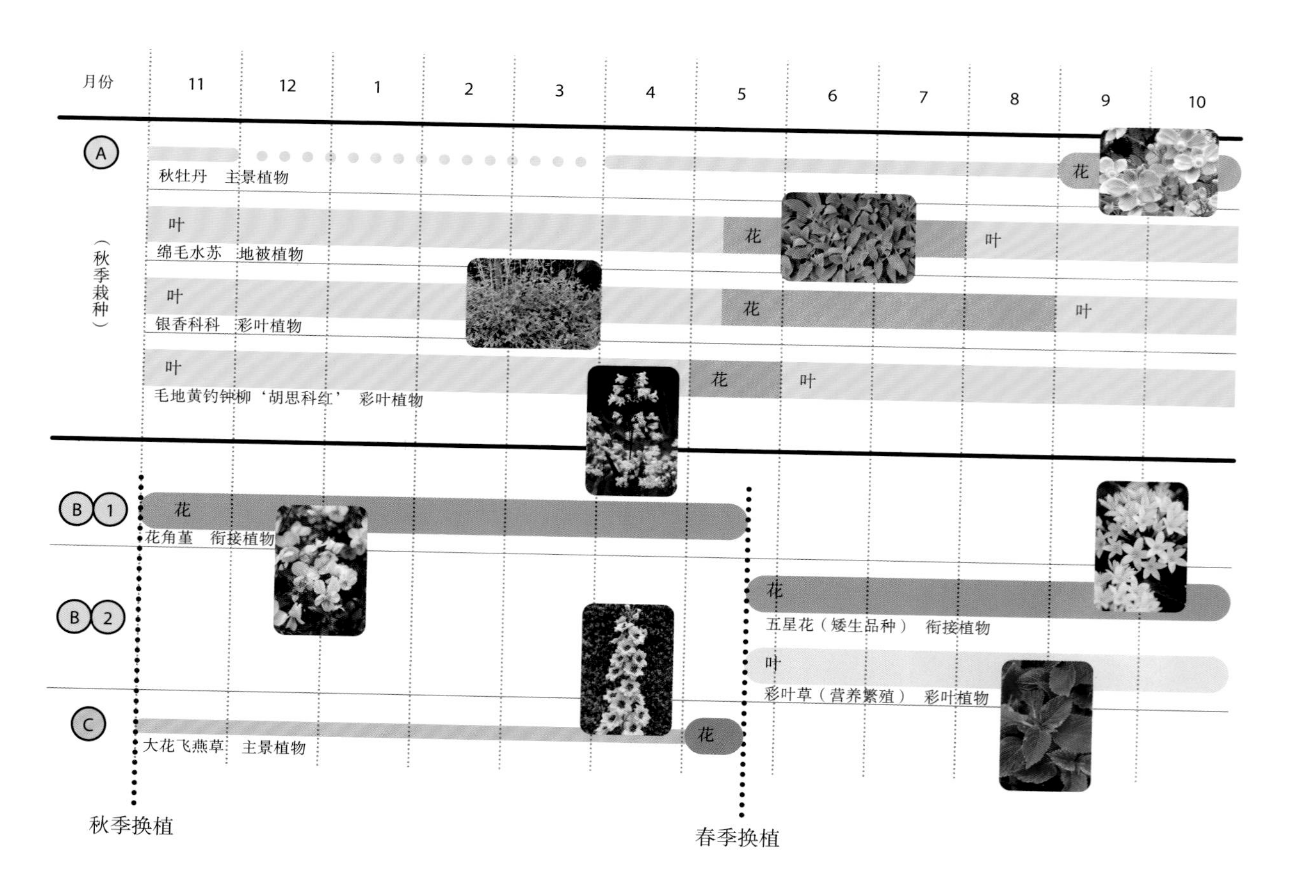

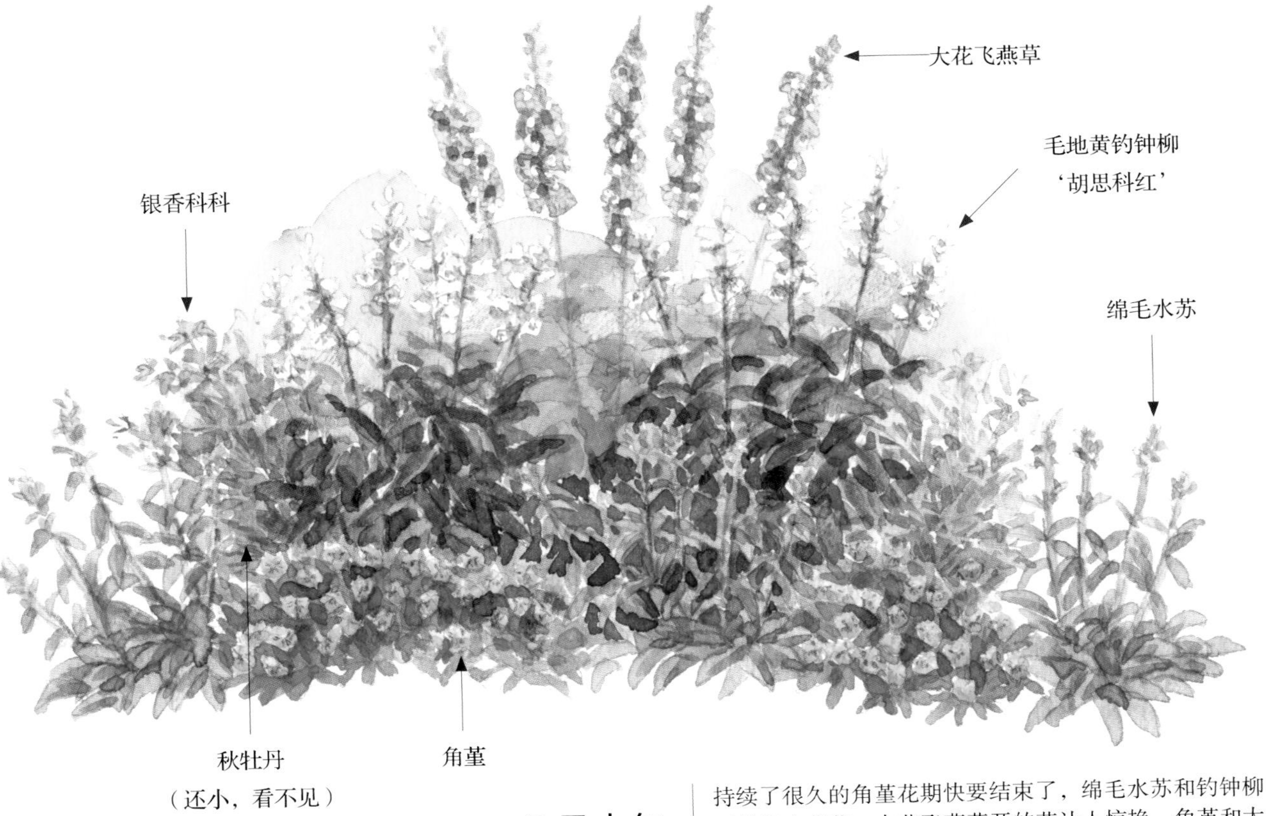

5月中旬

持续了很久的角堇花期快要结束了，绵毛水苏和钓钟柳开始长出花茎，大花飞燕草开的花让人惊艳。角堇和大花飞燕草的花期结束后就开始为夏天的到来进行换植吧

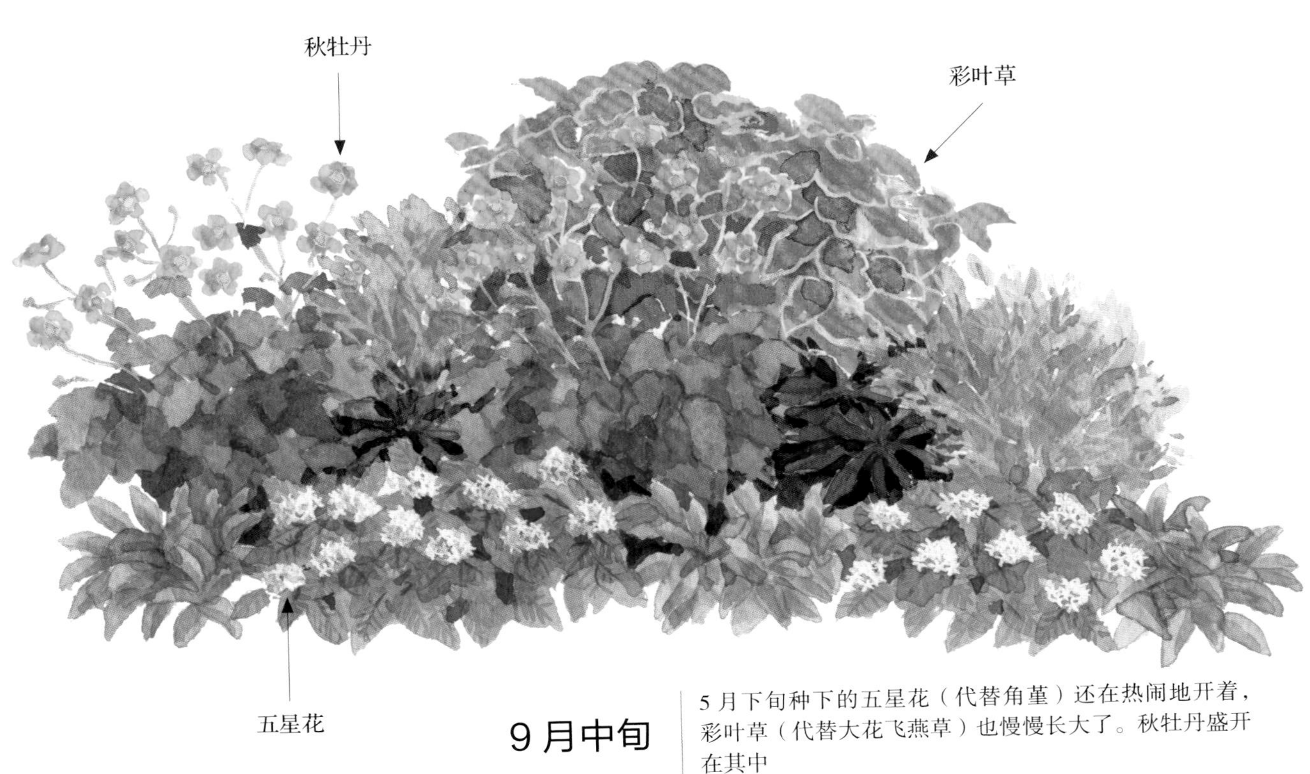

9月中旬

5月下旬种下的五星花（代替角堇）还在热闹地开着，彩叶草（代替大花飞燕草）也慢慢长大了。秋牡丹盛开在其中

费工夫等级

3

一年换植两次并补种两次，花开满园

A + B1 + B2 + C + D1 + D2

费工夫等级 2 的方案和费工夫等级 1 的方案比起来，虽然花量增加了，华丽程度也大幅上升，但是从一整年来看变化较少，同一个景色要看很久。如果想要花境更有季节感、能欣赏到各种各样的植物，可以尝试加入 D1 类春季花卉或者 D2 类秋季花卉。

D 类植物在 3 月或 9 月换季的时候上市，所以在这段时期补种。在花境的重点位置种上几株就能改变整体给人的印象。选择有季节感的或有强调作用的颜色，作为填色加入，效果会非常好。另外，本次介绍的方案，其实就是在第 34 页的费工夫等级 2 的方案中加入了 D1、D2 类植物。

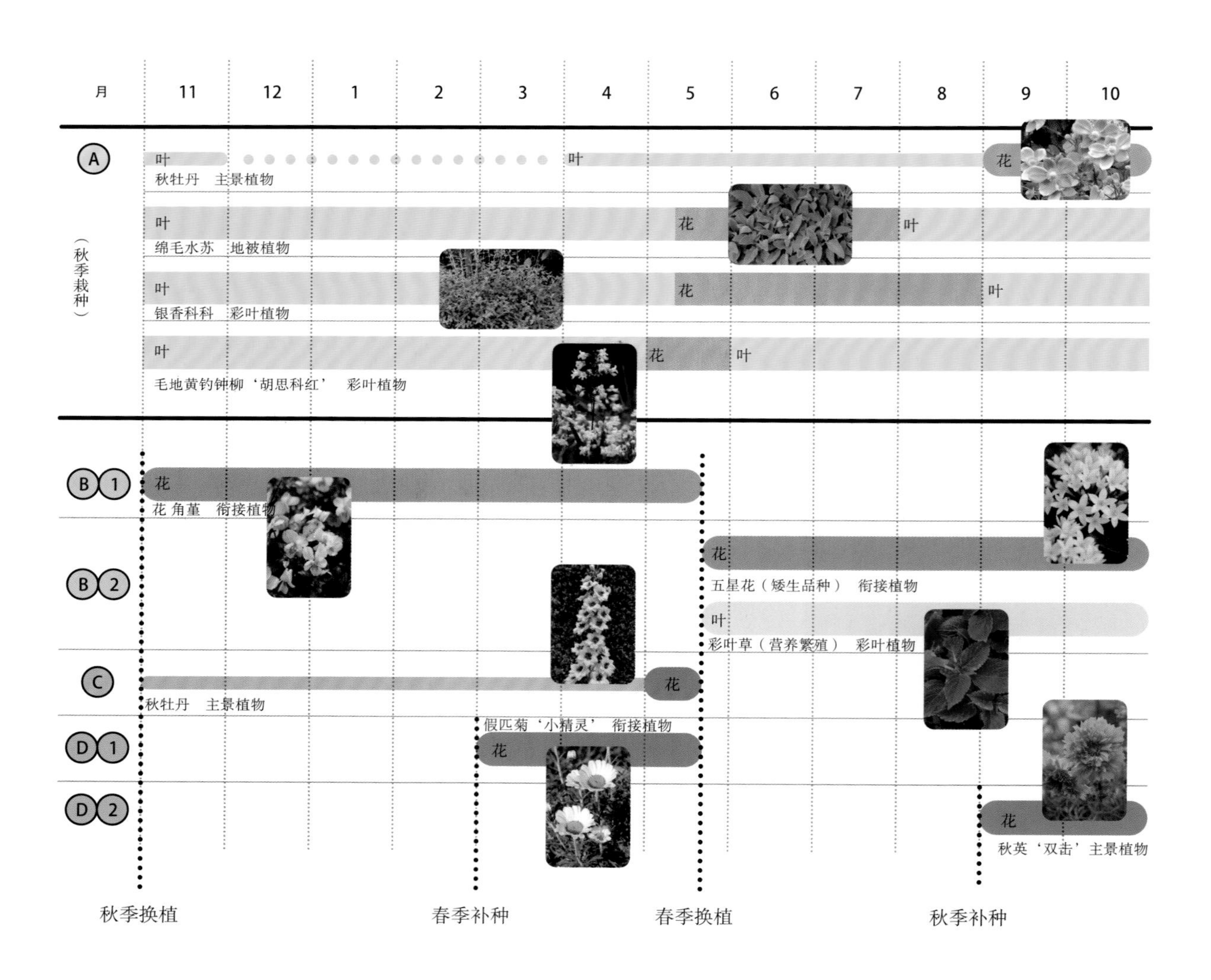

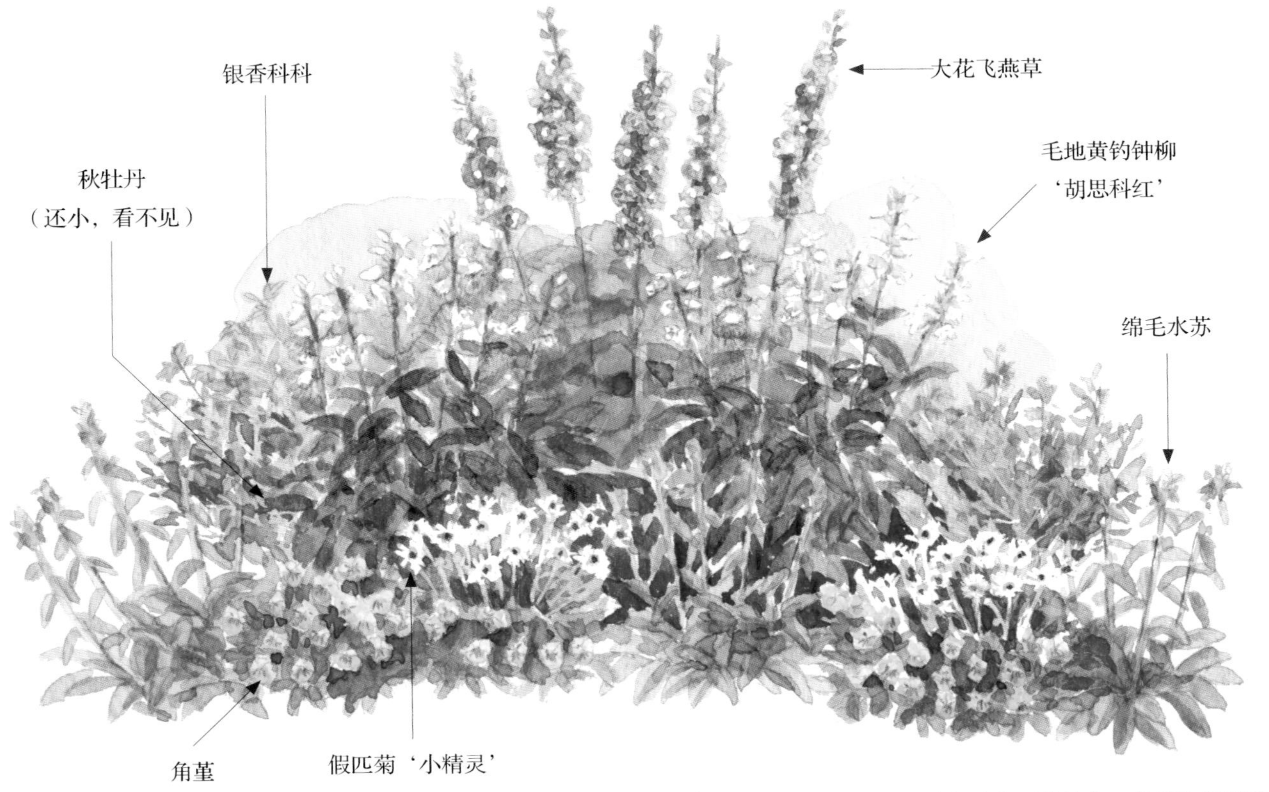

5月中旬

加入大花飞燕草和钓钟柳这些开花植物，角堇和假匹菊的组合也变得更加华丽。假匹菊是3月上旬拔掉一部分角堇之后补种进去的

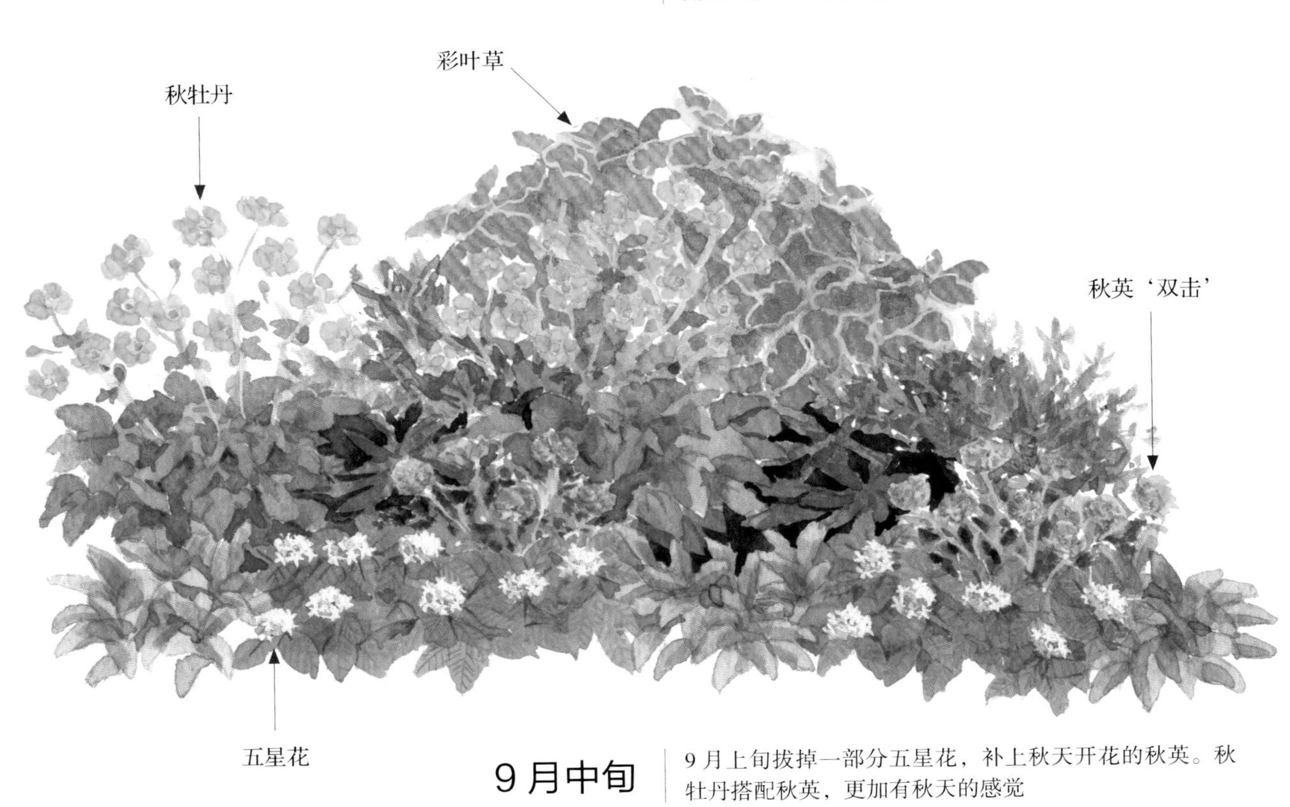

9月中旬

9月上旬拔掉一部分五星花，补上秋天开花的秋英。秋牡丹搭配秋英，更加有秋天的感觉

制定自己专属的换植方案

思考自己想要什么样的花园

前文从换植花费的工夫、怎么种比较美观这两个角度出发，介绍了 3 种换植周期的方案，但这些只是举例。

花园是我们身边最近的能接触到植物的地方。并非“必须要这样才行”，被自己喜欢的植物包围而感到幸福、也受到家人的喜爱，这些才是最重要的。人的喜好与想法是千差万别的，也因此会有千万种不同的方案。

首先要考虑自己想要什么样的花园。有的人希望自己的花园一年四季有各种花盛开；有的人只要在初夏能够赏花，其他季节维持绿色就可以了；也有人觉得冬季落叶后的景色也不错。所以要明确自己想要的花园是什么风格的。

根据自己的精力制定方案

接下来，要想清楚自己能花多少工夫在花园里。要花费的工夫，不仅是换植所需的时间，把植物凑齐也需要时间。还有日常的养护。盛开的花量越多，摘除残花等的工作量会相应增加。生长旺盛、容易徒长的植物，修剪等工作也会增多。

请冷静地想一下，打造自己想要的花园需要花费多少工夫，而自己又是否能腾出这么多工夫来。好不容易开始的造园，却因为忙不过来而感到厌烦那是很可惜的。制订计划的时候一定要量力而行。

减少耗费工夫的方法，并非只有减少换植次数。减少需要换植部分（B、C、D）的比例，也能省时省力。例如大部分植物由可以种着不动的 A 类植物构成，再加入一点点 1 年换植 2 次的 B 类植物，这样的话不用花太多精力，就能做出一个时常有花盛开的花园。或者也可以把能长期开花的 B 类植物，以点缀的形式换成有季节感的 D 类植物。另外，减少开花植物的数量，可以节省摘除残花等打理所需的工夫。

从打理花园的角度总结的一年生植物、宿根植物和灌木植物的优缺点

一年生植物	○	大多数花期较长
	○	花色丰富
	△	需要换植
	△	大多数株型矮、体量小
宿根植物	○	株型多种多样，富于变化
	○	可以种下去不再动（仅限耐寒、耐热品种）
	△	一般花期都很短
	△	冬季地上部分会枯萎，使花园变得冷清
灌木植物	○	呈现出的体积感与立体感，是草花（一年生植物、宿根植物）无法实现的
	○	耐强剪的品种，可以修剪出想要的造型
	△	枝条生长旺盛的品种，树形容易变乱
	△	一旦扎根，就很难移植

了解植物的特征

事先了解植物的特性也很重要。一年生草本植物、宿根草本植物和灌木各自有不同的特征，从地栽观赏的角度出发，它们各有优缺点。掌握植物的特征之后再去挑选，应该能减少“不该是这样的呀”之类的抱怨了。另外，在组合种植的时候，用其他植物弥补缺点，可以让花园变得更有魅力。上一页总结了一年生草本植物、宿根草本植物和灌木各自的优缺点，供大家参考。

做成全年表格并验证

制订方案的时候，可以做一个像本页的插图一样的全年日历表，最好把每种植物实际的花色和叶片颜色也写上去。这样，每个季节的配色情况和花期都能一目了然，这样可以清楚地知道还需要添加什么，哪些又是可以去掉的。

实际操作过的方案要好好留下记录，还可以把实际的花期记下来，把植物种下去时和之后的样子用照片记录下来，那么今年花园中的经验，就可以活用到来年的方案中。

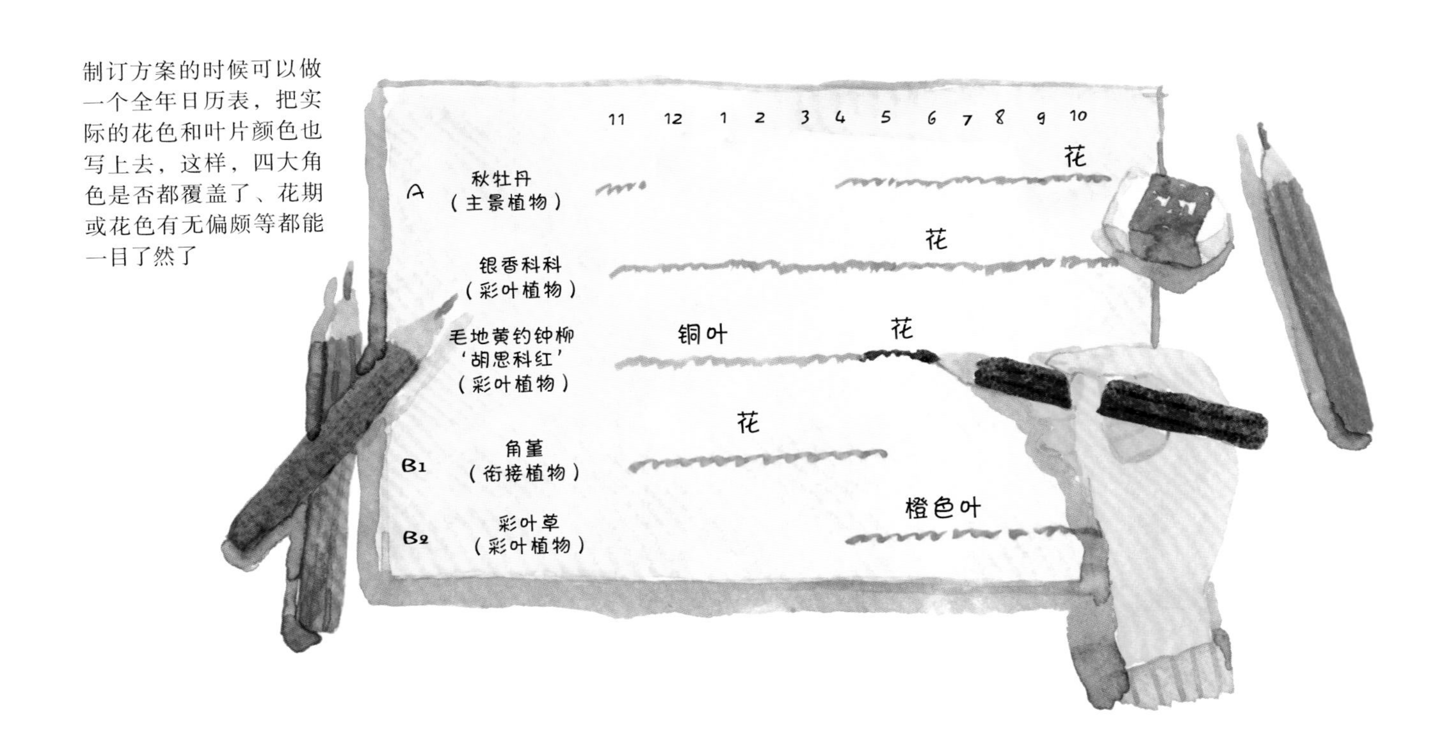

制订方案的时候可以做一个全年日历表，把实际的花色和叶片颜色也写上去，这样，四大角色是否都覆盖了、花期或花色有无偏颇等都能一目了然了

变化中的花园

换植周期实例

在前一年的晚秋，种了能从春天一直开花到初夏的植物（比如不耐热的宿根植物或郁金香（C），以及能一直观赏到春天的植物（B1）比如角堇）

春

到了春天，郁金香成为开花的主力。花境一下子变得华丽。花朵较大的郁金香也都统一使用单瓣的话，整体更显流畅明快。点缀在花境底部的衔接植物，是从晚秋种下去之后一直在开花的角堇。花境整体颜色统一为粉色到紫色的柔和配色

初夏伊始

淡蓝色的大花飞燕草盛开，接替郁金香成为主角。花境的前部用粉色的地黄强调。易分枝并不断开出小花的异株蝇子草也开始开花，成为地黄和其他花朵之间的媒介。花境底部的角堇、蓝色的超级鼠尾草也都盛开了

正值初夏

气温持续上升的初夏，开花的速度也变快了。粉色的毛地黄盛开，取代翠雀成为主景植物。白色的毛剪秋罗也全盛开，成为蓝色花与粉色花的衔接者。颜色集中在蓝色到紫色、粉色以及白色，能使宽阔的场地也有统一感

秋

种下去后不用动的大丽花（A）成了花园的主角。点缀在各处的圆形千日红和穗状青葙作为突出点，使花园成为一个整体。这些（B2）都是在不耐热的宿根草本植物花期结束后种下去的。高高的深蓝鼠尾草（A）蓝色的花烘托出了秋天的感觉

P/M.Amano

因地制宜种植宿根植物

住宅里有着各种种植空间，其面积的大小和形状，以及场地的性质也不尽相同。植物的选择与搭配方式等也会随之变化。接下来就介绍一下因地制宜种植的诀窍吧。

不同的空间选择不同的植物

在住宅的周围，有各种各样的种植空间。除了主要的花园，设置在门和玄关旁的花槽、通道两旁的花坛等，具有使用功能的场地所附带的种植空间也不少。

每一个空间，若是场地的性质不同，大小与形状也各不相同。考虑花境时，要从场地的性质出发，先考虑是需要引人注目的还是要让人感到平静的、想要如何去观赏。另外，根据场地的大小和形状，要灵活利用植物的高度、冠幅和株姿等。

同时，也要考虑主景植物、衔接植物、彩叶植物和地被植物分别用哪种好（参考第 2 页“组合前先了解宿根植物的四大角色”），适合怎样的颜色搭配（参考第 22 页“配色决定氛围”），并且还要从整体平衡及容纳的情况出发，想好哪种角色的植物该占多少比例。

符合场地性质的换植周期

更进一步，还要结合场地的性质，想好是希望总是保持美观，还是希望不需要太费工夫的。这样就能知道可以用什么类型的植物，设计一个什么样的换植周期（参考第 30 页“不费工夫就能让花园变漂亮的换植周期”）。

还要考虑观赏的角度，比如通道两旁的花境，若能做到移步换景，就能自然地引导人们往前走。

我会从第 44 页开始，介绍不同形状的空间分别该如何种植，供大家参考。

要考虑住宅整体的协调

不仅考虑各个空间单体，也要考虑住宅整体的平衡与外观。在不同的场所使用不同的色彩，可以突出每一处的个性，加深印象。另外，想要让每一处都同样地保持美观是很难的。可以将所有场地排出个优先顺序，比如这里希望一直保持美观，那里只要在特定的季节开花就够了，只需要改变花境中花的比例、使用的植物的类型、比例，每一处的个性也出来了。

花园是我们身边能接触到植物的最近的地方。根据自己的情况量力而行，享受美好的园艺时光吧。

略宽敞的空间

以主园为主。大小、形状、环境等各不相同。
→第 44 页

小角落

在建筑物的转角等位置也可设置。
→第 52 页

通道两旁的狭长区域

除了图中的例子，较多的是通往玄关的通道旁也会有种植的空间。
→第 48 页

小角落

以玄关和大门周围等居多。
→第 52 页

背阴的空间

树荫下，建筑物的背阴处等，到处都有。
→第 56 页

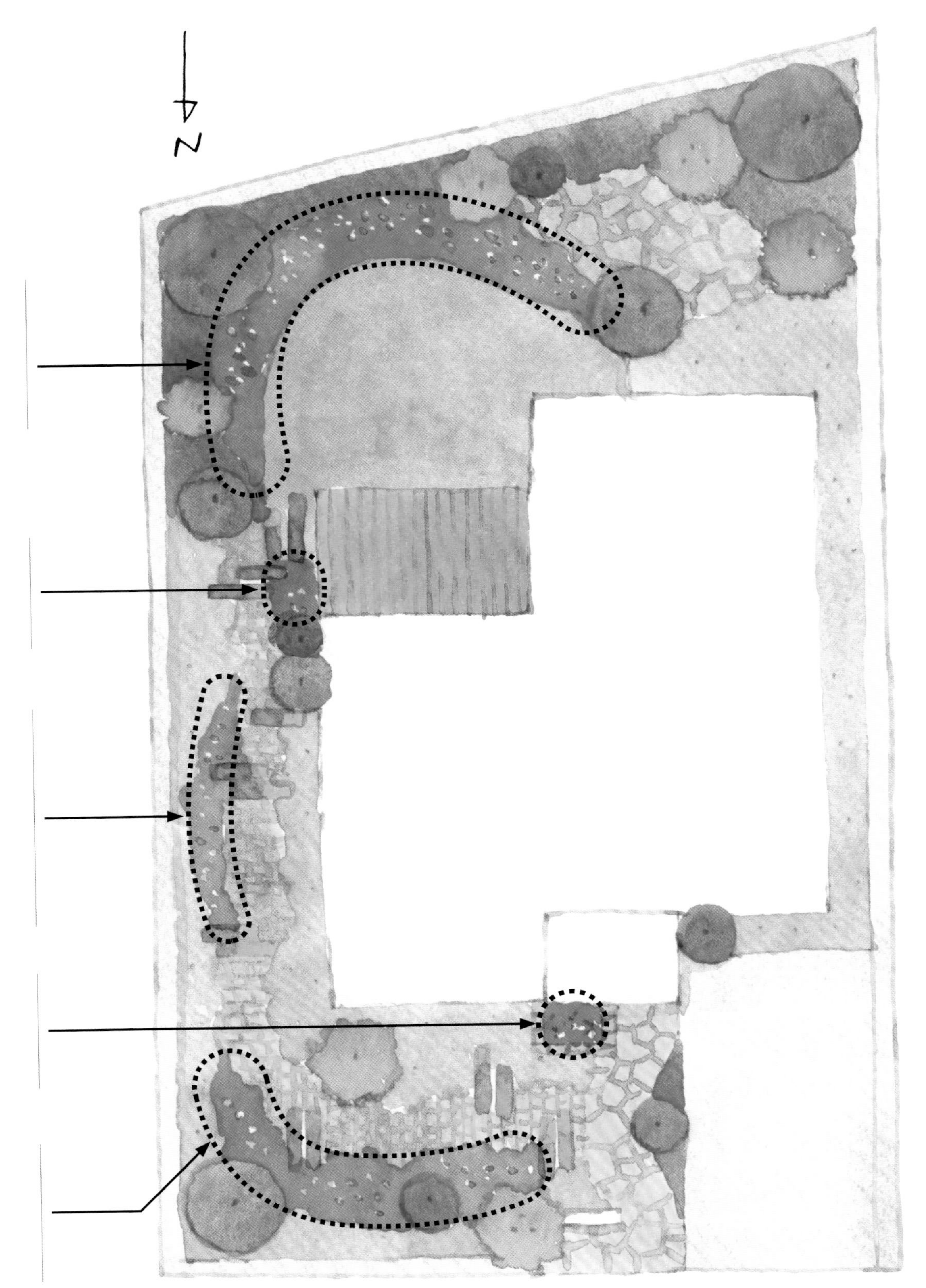

住宅的周围有各种各样的空间。它们的形状、大小和特性等都各不相同，植物的选择和搭配也要做出相应的改变。我把它们分成四种空间，介绍其中的重点。上图只是一个例子。每个住宅会有各自不同的类型

略宽敞的空间

空间举例

- 住宅内的中庭（主园）
- 以乔木为背景，前面还铺了草地
- 朝南，日照充足的时候居多

3 种株高的组合

如果种植场地比较大的话，可以种一些比较高的植物，这样就可以灵活运用低、中、高的高度差进行组合。可以从前往后，依次配置高度较矮的、中等的、高的植物，尝试一下狭长花园（border garden）风格的花境。虽然会根据所使用的植物的种类而异，基本上空间如果有 1m 长、2m 宽，就能做这样的组合了。

能在欣赏不同植物的个性的同时欣赏整体的和谐，才是意义所在，所以要让花色、形状、植株形态不同的植物紧挨着组合在一起。主景植物、衔接植物和地被植物是根据株姿不同、花朵大小、花形进行分类得出的。利用这个分类，将不同作用的植物相邻搭配在一起，可以让整体更平衡。另外，如果植物种类使用过多的话，会缺少整体感，所以要限制数量，同一种植物不要只用在一个地方，要多处使用。

扎堆种植以强调个性

不管哪种植物，至少 3 株种在一起，这样能强调植株形态、花朵的形状和颜色。作为重点的主景植物更需要加深印象，可以 5 株左右种在一起。这里有个诀窍，不要种成横向一列，而是要种成三角形。因为相邻植物的接触面增加了，相应的，使植物堆叠方式富有变化，可以从不同的视角，观赏到多种多样的景。

如果像阶梯一样，从高到低一丝不苟地排列，虽然看上去很整齐，但是缺少一些趣味性。像西洋耧斗菜，虽然属于中等株高的植物，但其底部枝叶茂盛，建议在它前面种上花茎直立的植物。这样产生了变化，而且隔着花茎看到后面的植物，更有纵深感。

控制用色种数

因为地方大，就用了很多花色，会显得杂乱。除了主打花色以外，其他用色要限制在两种左右。以浓淡来体现统一，其中加入一成左右作为突出点的颜色，让整体有紧凑感。特别是以浅色花为主时，容易失去焦点，可以添加深一点的花色加以强调。

另外，株型高的植物以宿根草本植物居多，花期以初夏和秋季为主。因为大多花期也较短，所以充分考虑开花的季节，制定组合和换植的方案，这是很重要的。

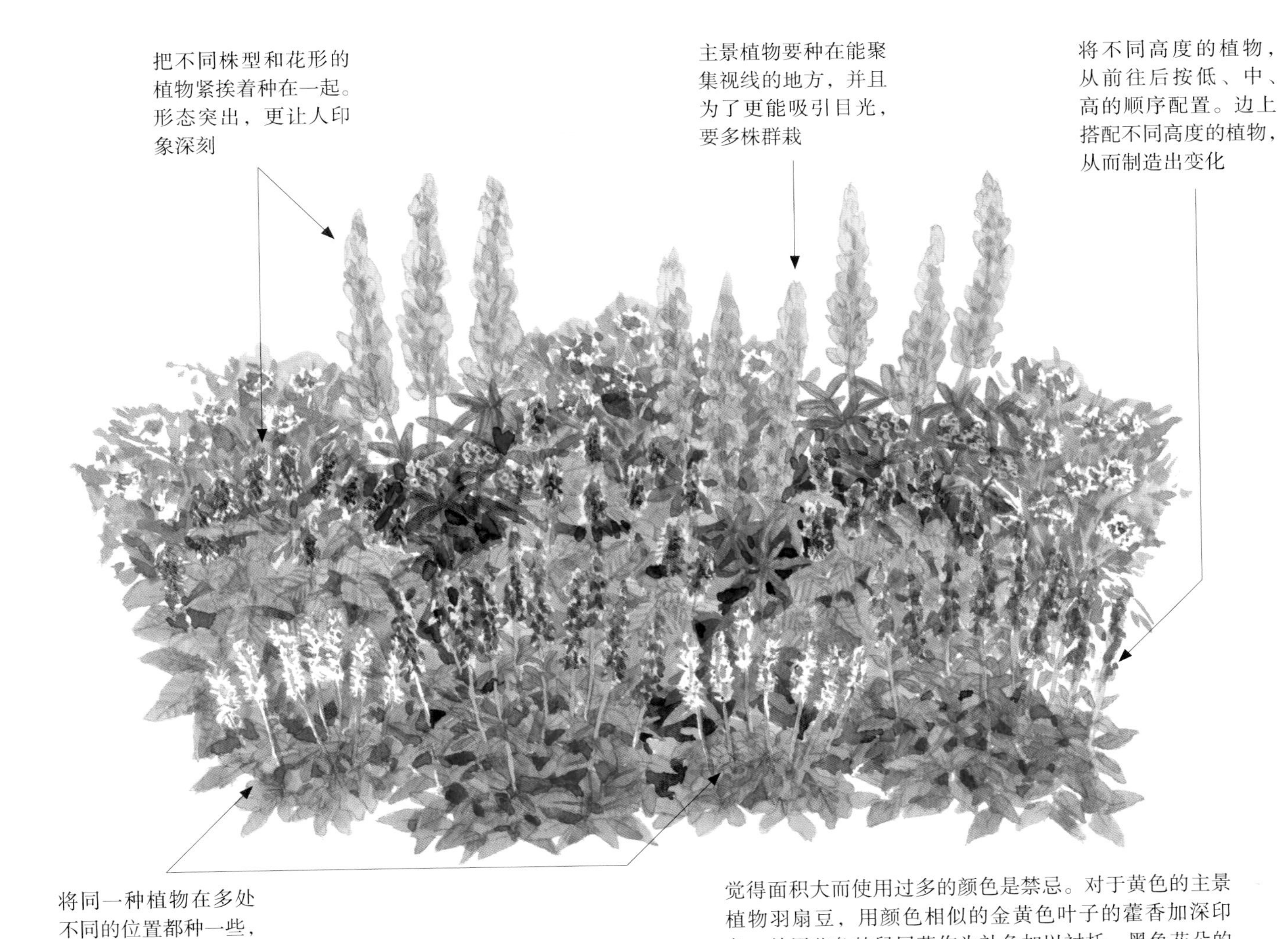

觉得面积大而使用过多的颜色是禁忌。对于黄色的主景植物羽扇豆，用颜色相似的金黄色叶子的藿香加深印象，并用蓝色的鼠尾草作为补色加以衬托。黑色花朵的石竹是突出点

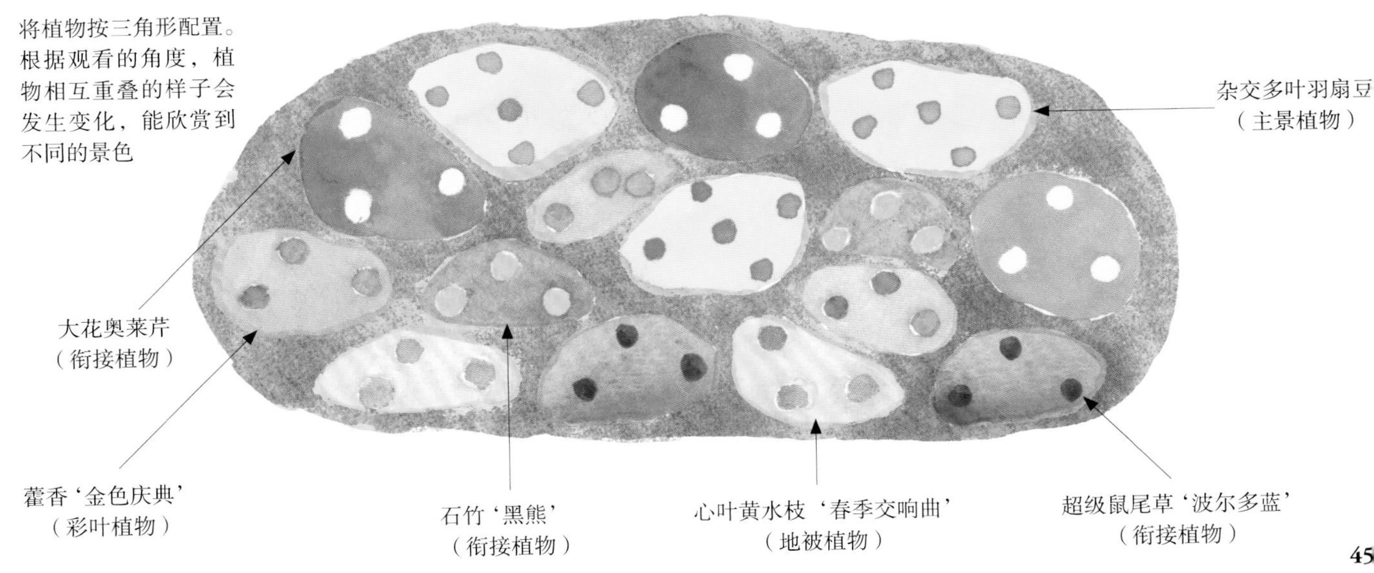

如果地方宽敞，可以在种植空间把土堆起来，形成高低差，这样可让花园的表情更丰富。花园里铺的踏步石可作为花境边界的装饰。

主景植物用了大花飞燕草‘极光’，采用群栽的方式，使其富有个性的花形和花色更令人印象深刻

矾根‘焦糖’的黄褐色的叶片又大又茂盛，是突出点

踏步石的接缝里种了铜色的临时救‘午夜阳光’，让景色更加紧凑

茂盛的角堇也有装饰边界的作用。点缀在容易聚集目光的前侧，制造华丽的氛围

以白色为主题的白色花园。利用植物不同的形态和彩叶植物来制造出变化，让花境有一种张弛感。种植场地够大的话，能像这个花境一样，不仅能利用花的美丽，还灵活运用了植物形态和叶片颜色的不同。

将叶片大而繁茂的玉簪（主景植物）作为背景，可以让人清楚地看出形态不同的毛地黄

将主景植物毛地黄‘银狐’数株群栽，以强调笔直挺立的花姿。在多处种植，让花境有了整体感

铜色叶片、开散射状白花的峨参‘乌鸦之翼’，是衔接植物，花和叶都很有观赏性

前侧种的琴叶鼠尾草‘紫色火山’，铜色的叶片让后面白色的花更加显眼

空间
2

通道两旁的狭长区域

空间举例

- 通往玄关的通道两旁的花坛
- 花园小路旁的区域
- 住宅外围靠近道路的区域

栽种的植物不能妨碍人走路

在这类地方种植物，最重要的是不能妨碍到人们从这里走过。长得快的植物容易侵占通道的空间，株型高的植物容易倒伏，堵塞通道，而且植物太高也会有压迫感，所以可以选一些生长速度慢的，低矮小巧的植物。

另外，在入口或玄关周围人们容易看到的地方，配置一些强健的不怎么需要打理的植物，可以保证这些区域能一直保持美观。

主景植物也要矮一些

这些种植区域即使有一定宽度（长度），大多纵深较浅。所以如果种的植物太高的话，无法和花境保持平衡。

考虑到场地的实际宽度，主景植物可以选择到膝盖高的植物，衔接植物可以选分枝多、株型矮的植物，这样会比较稳妥。像西洋耧斗菜这种底部叶片茂密、花茎直立伸出开花的类型，也是株型不易变得杂乱的植物，值得推荐。

整个花境全部用小型植物的话会有点缺少变化，因此，可以选择不同株型的主景植物和衔接植物交错种植。此外，如果在中间加入一些彩叶植物，则可以通过色彩来体现变化。

在花境前侧加入地被植物，把容易被看到的部分打扮整齐，可以使花境整体显得更加漂亮。同时，也可以让植物有形态和大小的变化。

重复使用搭配模式

这些区域不是用来止步眺望的，而是边走边欣赏景色变换的。相同的搭配沿着小路多重复几次，形成律动感，会使前行变得富有趣味性。

另外，在花境的深处点缀一些可以吸引视线的高挑的植物，或有体积感可以作为主景植物的，制造出视觉效果，让人情不自禁想往那边走。

用了踏脚石的通道会有一些接缝，推荐在接缝里种一些耐踩踏的地被植物，可以让坚硬的踏脚石看上去柔和一点，使整体更加自然。

衔接植物统一使用了隆起呈穹窿形的植物。只要花茎是直立向上的，就能产生变化

主景植物选择比较矮的植物，可以在搭配好之后显得清爽

无法使用高的植物，则可以使用低矮的地被植物，形成高低差

重复这个搭配模式，产生韵律感，让人忍不住向前走

在秋季定植。不断盛开大花朵的金盏菊是主景植物，筋骨草和矾根在冬季也能增添色彩。到了春天，加入欧耧斗菜和矾根的植物，此时是花境的最佳观赏期。蓝色和黄色两种颜色的搭配也很清爽

即使在狭窄的空间，种好几株植物的时候，种成三角形看上去会更自然

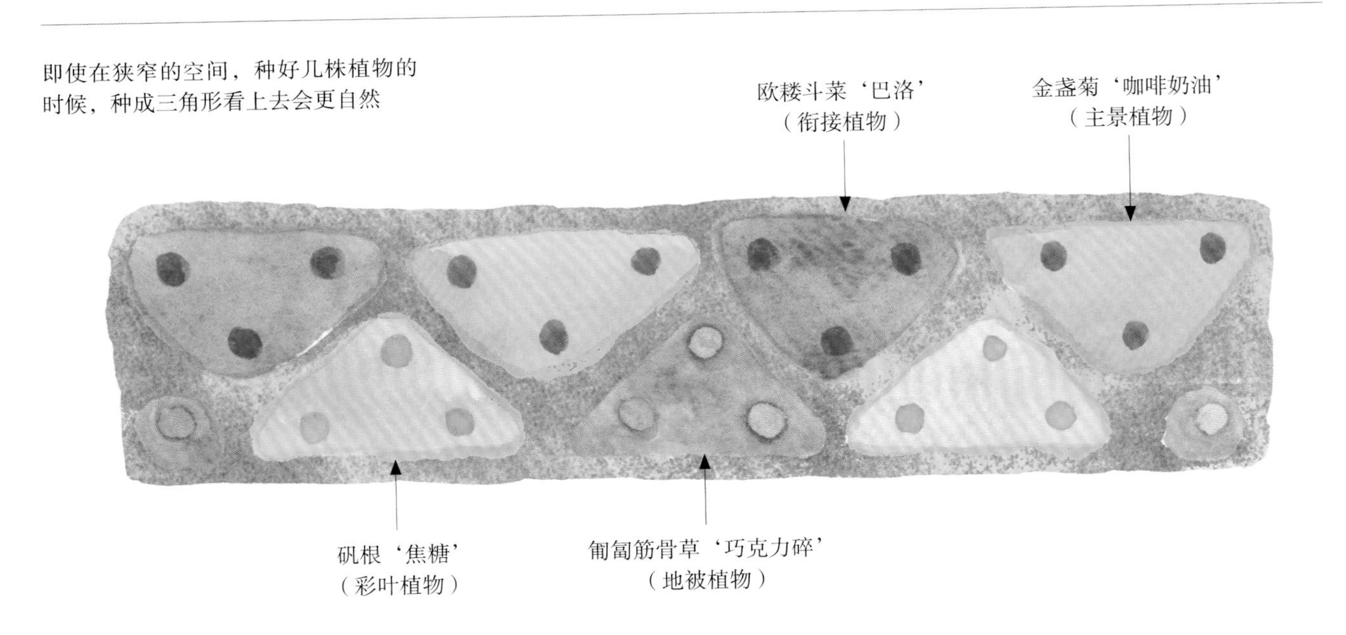

欧耧斗菜‘巴洛’（衔接植物）

金盏菊‘咖啡奶油’（主景植物）

矾根‘焦糖’（彩叶植物）

匍匐筋骨草‘巧克力碎’（地被植物）

通道两旁的狭长区域，初夏到秋天的种植实例。以花季较长的草花为中心，让花境一直保持华丽的状态。

铜色叶片的彩叶草和莲子草（彩叶植物）让整体更加紧凑

为了不妨碍走路，在外侧种了莲子草和四季秋海棠等茂密紧凑的植物

大体量的树丛状秋海棠是主景植物。把相同的植物搭配重复几遍，能产生韵律感

大戟‘钻石冰霜’（衔接植物）的白色苞片让花境看上去更加明亮

以花穗有体积感的紫罗兰作为主景植物

用植株较高的欧石楠，为花境增添华丽感和体积感，并使整体统一

沿着通道堆砌起来的花坛。为了在冬天看起来也很华丽，大部分植物都是花期比较长的一年生草本植物。即使花的种类比较多，只要集中花色（这里主要是杏色），并有效利用彩叶植物，就能看起来不凌乱。

会在寒冷时变色的彩叶植物穗花婆婆纳‘格蕾丝’，让整个花境变得紧凑。把相同的搭配重复几遍，形成韵律感

到了春天，郁金香开放，主景植物开始更替

以低矮的砖墙为背景，沿着花园小路一路持续的花境。因为没有纵深，所以用了茂密紧凑的三色堇、角堇、在地面匍匐扩张的筋骨草、笔直向上的郁金香来实现不同植物间的形态变化，并形成统一的整体。

如果筋骨草扩张到超出需要范围了，可以修剪整理

从晚秋一直到早春，三色堇都是主景植物

小角落

空间举例

- 大门周围的花槽或种植空间
- 道路与建筑物之间的空隙
- 花园中的种植箱或水盆等的周围

能吸引人注意、留下印象的植物

大门周围的种植空间和花槽、建筑物转角处的一小块种植地、还有围绕在花园里作为主要景观的摆饰或者种植箱等周围，这些小角落出乎意外地多。因为狭小，相应地，规划和打理都比较容易，所以也可以从这些小角落入手，开始打造花园。

这些角落都是住宅的门面，或是花园中的点睛之处，所以要求种在这些地方的植物要能时刻保持美丽、小却能吸引目光。其中，大门周围是到访的人最先看到的地方，该处的花境将决定别人对这个房子和花园的第一印象。

由常绿灌木和一年生草本植物构成

想要引人注目的话，一定要加入有象征性的花作为主景植物。另外，为了让花境能一年四季都有丰富的色彩，可以多用一些彩叶植物。如果种植空间的边缘是竖起来的，可以在前面种一些垂枝的地被植物，这样会更有立体感，也能使绿色变得更加柔和。

因为空间狭小，能种进去的植物数量有限，为了能让花境令人印象深刻，可以在色彩搭配上花点工夫。

宿根植物不开花的时间比较长，而且长得一年比一年大，使得难以种入其他的植物，所以不太适合种在这样的小角落里。推荐用耐修剪的常绿灌木作为背景，在每个季节换上新的一年生植物，以及当作一年生植物来用的多年生植物。

也可以增加换植次数，从而享受季节的变化，并能时常观赏到漂亮的花。因为空间不大，即使频繁地换植，并不会特别麻烦。

要注意花槽的颜色和质感

花槽大多不与地面连通。土量有限的小花槽更是容易干燥，所以会长大或不耐干旱的植物要避免使用。另外，花槽有点类似组合盆栽用的容器，也要注意花槽的颜色、质感和风格，选择与之搭配的植物，营造花境的整体感。

这是在秋天定植、可以一直欣赏到初夏的组合。以常绿花叶的大花六道木作为绿色背景。银叶菊清爽地映衬出了丁香紫色的紫罗兰、白色纸鳞托菊的浅淡花色。异株蝇子草在春天开花之前，也可以作为美丽的花叶植物来观赏

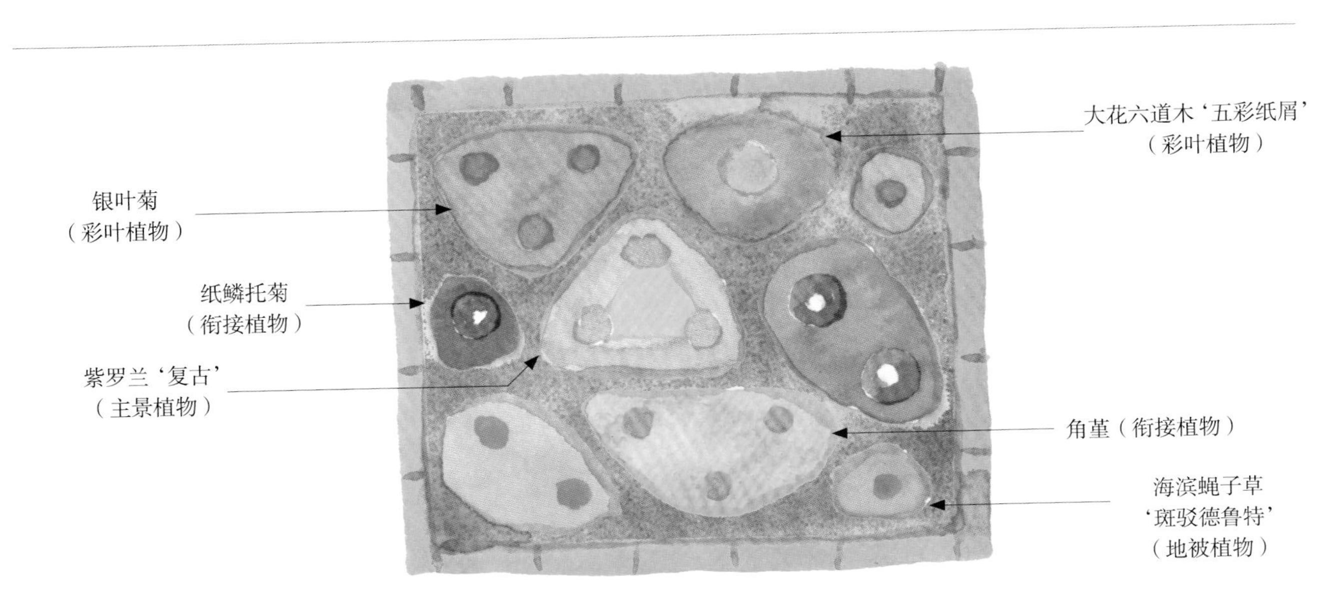

为冬天的花境增添色彩的矾根、穗花婆婆纳‘格蕾丝’（彩叶植物）

早春补种的花毛茛（主景植物）

再次盛开的金鱼草‘少年’（主景植物）

冬天也在持续开放的雏菊和蓝盆花（衔接植物）

长出美丽的杏色新叶的矾根‘焦糖’

3月下旬

门柱前用石头搭起来的小角落。因为是迎接客人的地方，所以要进行频繁地换植，保证一直有花盛开。雏菊和蓝盆花从秋天种下去之后开了一波又一波的花，到了早春，补种花形比较大的花毛茛作为主景植物。加入了带有春天气息的主景植物之后，整体一下子变得华丽了。

5月下旬

行至春末，粉色的雏菊还有花毛茛等的花量开始变少，取而代之开始盛放的，是冬天一直休眠的杏色金鱼草。矾根‘焦糖’也舒展出美丽的新叶，虽然是同一个花境，但是配色完全变了，变成了黄色系，和蓝色的蓝盆花搭配也很清爽。

长方形的花槽刚种好的样子。大丽花的朱红色、青葙的花穗和辣椒果实的正红色、还有深色的彩叶植物，让人联想到热情的夏天。深紫色的彩叶草的旁边搭配了白花高个的长春花，形成色彩的张弛感。想要小花境也能让人印象深刻，可以有效利用色彩的对比来实现。

用铜色叶片的狼尾草制造出动感

用白花的长春花形成对比

用深紫色的彩叶草让整个花境更加沉稳

植株小巧、开朱红色硕大花朵的大丽花是主景植物

空间
4

背阴的空间

空间举例

- 花园中的树下
- 房屋或是高大树木的北面
- 房屋或者院墙等的阴面

短日照的条件也可以赏花

不仅花园中种植的树木，房屋、院墙，亦或是相邻的建筑，都会对住所周边的日照有所影响，晒不到阳光的地方也无处不在。

对这些场所需要注意的是，尽管都是背阴，但根据季节场所的不同，背阴的时间也会随之变化。太阳高度比较高的夏季，即使是高大建筑物的北面也有被太阳照到的时间段。在落叶树木落叶的晚秋到次年春天，树下也是可以晒到阳光的。此外，遮阳物的高度和朝向也决定了背阴时间的不同，所以需要仔细观察。

通常大家认为可以在背阴处种植的植物很有限，但其实对于一天有 2~3 小时的短日照环境，选择一些耐阴性较好的品种，也是可以赏花的。在全日照环境下叶片容易被灼伤的花叶品种也很适合这样的环境。

多使用彩叶植物

如果想要营造华丽的氛围，可以选择像新几内亚凤仙花这类花朵较大的耐阴植物作为主体，几株耐阴性同样不错的蝴蝶草作为点缀，以提升花的体量，这样就会显得十分热闹了。

在可以使用的种类有限的情况下，挑选一些花叶品种是不错的选择。在花朵的周围，搭配与花色互补的叶色，或是明度差异较大的叶子，使其形成鲜明的对比，更易衬托出花色。例如大叶片的玉簪显得大气沉稳，独特的斑纹也会是花园的焦点。

此外，使用 2~3 种颜色和模样多变的彩叶植物，也可以突显各自的特色。

背阴处常常给人阴暗的感觉。值得一提的是，即使并不想要华丽的效果，使用色彩明快的白色或浅色植物，还有使用极具光感的黄绿色或斑叶的彩叶植物也是不错的选择。

尝试热带观叶植物

如果只是限定在夏季种植的话，可以使用热带观叶植物。存在感十足的肉质叶片，形状多样，充满了异域风情。定植适合在地面温度已经充分上升的 5 月之后进行。如果需要越冬，则要在气温还高的 10 月中旬之前从地里挖出移植到盆中，放入明亮温暖的室内进行管理。

短日照环境也可以种植的植物

背阴处也能开的花

日本茴芋

早春开花。冬季还可以欣赏粉色的花蕾（衔接植物）

风铃草‘萨拉斯特罗’

初夏开花（主景植物）。冬季地上部分枯萎

大星芹

从植株底部开始长出茂盛叶片，初夏时长出长长的花茎（衔接植物）

岩白菜

早春开花。叶片常绿且美丽（衔接植物）

提亮背阴处的彩叶植物

大叶蓝珠草‘杰克冰霜’

银叶上呈现出绿色叶脉的凹凸感。到了晚春还会开花（衔接植物）

羊角芹

斑叶。落叶性，初夏开花（地被植物）

日本蹄盖蕨

银叶。落叶性（彩叶植物）

虾膜花‘奥拉尔之金’

新叶呈黄绿色，初夏开花，花朵富有个性（主景植物）

热带植物

假连翘‘酸橙’

黄绿色的叶片。明亮的黄色十分抢眼

蟆叶秋海棠

叶片具有丰富的色彩和多变的形状，观赏性十足

海芋

特征是叶片大。有很多品种

红背耳叶马蓝

特征是有泛着金属色泽的紫色叶片。生长旺盛

热带观叶植物具有普通草花所没有的、极具异域风情的叶色和叶形。如果限定在夏季种植的话，可以利用它打造出别具一格、个性十足的花境。

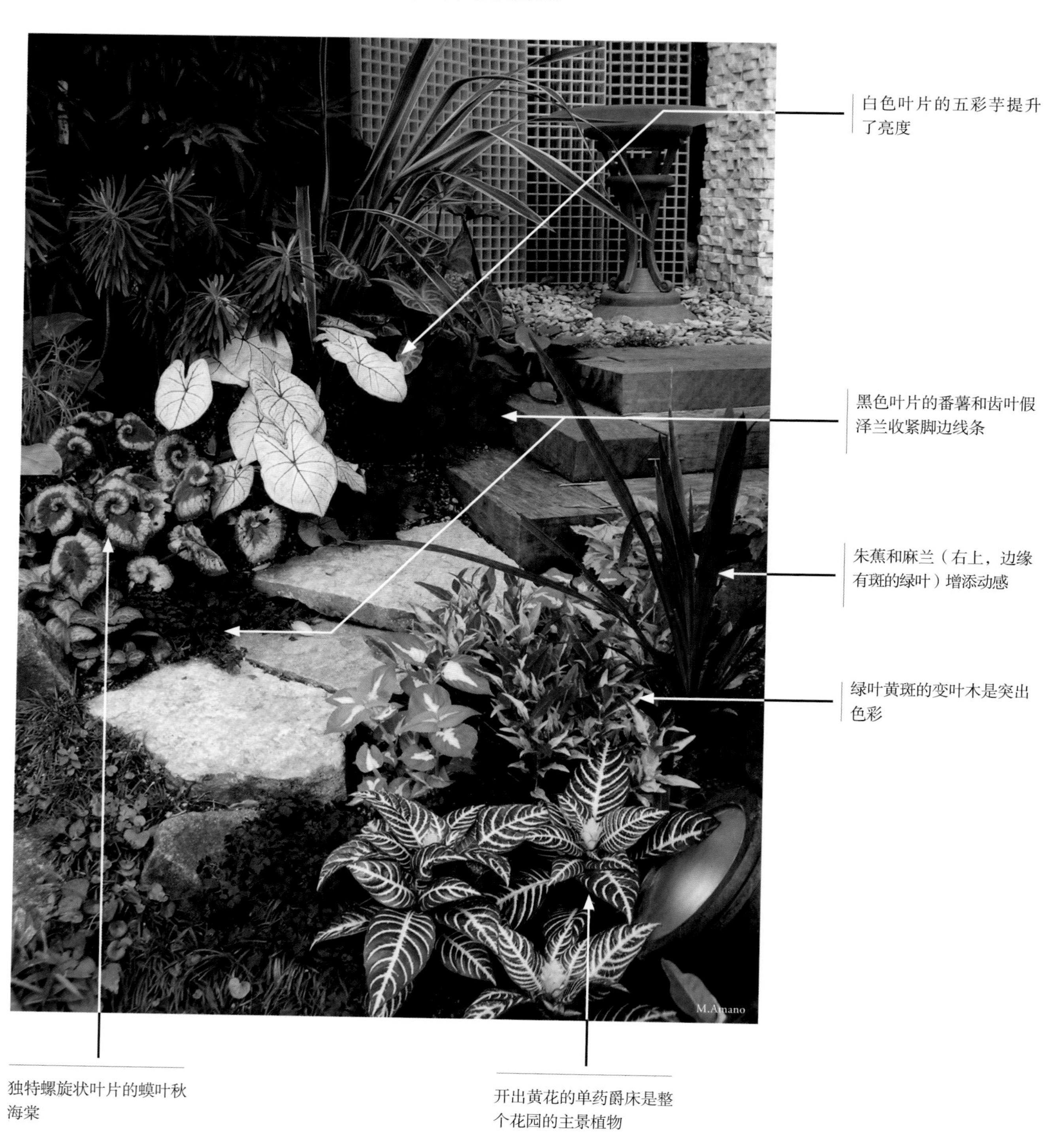

白色叶片的五彩芋提升了亮度

黑色叶片的番薯和齿叶假泽兰收紧脚边线条

朱蕉和麻兰（右上，边缘有斑的绿叶）增添动感

绿叶黄斑的变叶木是突出色彩

独特螺旋状叶片的蟆叶秋海棠

开出黄花的单药爵床是整个花园的主景植物

因为背阴的环境可选的植物品种较少，因此熟练运用彩叶这类拥有漂亮叶片的品种很重要。根据叶片的形状、大小、颜色和质感的不同灵活组合，可以达到不逊于全日照栽培的效果。

虽然同样是古铜色叶面，圆润有光泽的筋骨草和有着锯齿边缘的阿兰茨落新妇‘闪彩’并排而种，差异产生的美感也让人赏心悦目

将玉簪大小差异很大的品种组合栽种会给人留下更深的印象

用大戟‘钻石冰霜’作为衔接植物，白色的苞片可以从初夏一直观赏到秋天

在彩叶玉簪的衬托下，作为主景植物的新几内亚凤仙花一下就突显了出来

宿根植物的定植及日常维护

种植计划做好后，就到了实际的花园建造环节。为了实现梦想中描绘的美丽花园，适时定植固然重要，后期维护也必不可少。

定植

春秋两季是适合定植的季节

花园的建造是从栽种植物开始的。这一步里最重要的是在合适的时间进行定植，也就是春秋两季。春秋两季气温不会过冷或者过热，有利于根部发育，使其之后能顺利地生长。

初夏开花的宿根植物需要在秋天扎好根，在初夏之前长成健壮的植株，因此适合秋季定植。对于晚秋到春天开花的一年生宿根植物，要在秋天种下后，在天气变冷之前成长到足以抵御严寒的大小。而对于从初夏到秋天开花的一年生宿根植物，为了让其能够安然度过酷暑，春天栽种利于它们在夏天到来前变得足够强壮。

在本书中，考虑到植株的上市时间和移植周期，秋季的定植、移植时期为 11 月，春季的定植、移植时期以 5 月为佳。此外，补种在 3 月和 9 月进行较适宜。

配土很重要

定植的另一个重点在于介质的制作。适合植物茁壮成长的配土条件是良好的排水性、透气性和保水性。在定植或移植时，将堆肥和腐叶土掺入介质中能够改善土质，松软又具有弹性的土是最理想的介质。此外，不要忘记每一次都要下底肥。补种时，将堆肥、腐叶土和底肥放入穴坑中充分搅拌再进行定植。

多株植物同时定植

在需要定植多棵植物的时候，请将所有的植物都准备好之后一起定植。这样在花园里暂时摆放时也比较容易想象出它们长大后的样子。此外，所有的植物同时定植，一起生长，能更好地保持整体的平衡。

如果植物不齐全，在无法立刻定植的情况下，不能只是维持原状进行养护。为了防止根系盘结导致生长迟缓，请给它们换大盆种植。

换大盆

1 将草花专用土（含底肥）装入大一号的盆中，将小苗整体从钵体中取出移植，注意不要打散根系。

2 将周围也填入营养土。经过几次换盆处理后，植株逐渐健壮，也可为春季的补种做准备。

定植方法

1 将花朵凋谢后的植物连根拔起。

2 将残根用除草使用的三角锄之类的工具向上掘开，和杂草与落叶一并去除。

3 以 1 平方米 10 千克的比例将腐叶土和牛粪堆肥撒在土上。

4 撒上适量的缓释肥（例：N-P-K=6-40-6）。

5 用铁锹等工具向下掘 20～30cm，均匀搅拌。

6 将土表面整平。

7 从主景植物开始依次连盆临时摆放在事先想好的位置上，边观察整体平衡边调整。

8 用挖土铲挖出比盆大一圈的穴坑，将小苗种进去。

9 将植株周围的土压实固定。栽种完毕后充分浇水。

Point

浇水需“见干见湿”

“见干见湿”是浇水的基本原则。植物为了吸收土壤中的水分而伸展根须，如果土壤常年湿润则不利于根系生长，过度潮湿还会引发根部腐烂。作为判断干湿度的标准，当土的表面泛白时，就可以充分浇水了。如果在花园中种植了各种高度的植物，为了让水能渗透到根部，要对各株根部分别进行浇水，并且为了不让泥土四溅或者植株倒伏，最好使用花洒类喷头。

一年生草本植物需要定期追肥

一年生草本植物由于花期长格外需要肥料，所以需要定期追加利于开花的磷肥。如果缺少肥料，不仅对花量、花色有影响，也是导致植株凌乱的根本原因。溶于水后立时起效的是化肥和液体肥料。请严格遵守规定的用量和浓度配比，注意不要过量。有机肥起效慢但作用时间长，还可以激活土中的微生物，以起到改善土质的作用，这比较适合可以长久观赏的多年生植物。

P/NP-T.Maki

摘除残花

残花如果不摘除，会继续消耗养分结出种子，不利于后续开花，植株也会变弱。此外残花也容易被雨淋伤形成病害，继而传染给叶片和茎，伤害植株整体。

因此残花要尽早摘除，开花性好的植物更是要勤摘。当花色变淡，花蕊充分展开开始变成茶色时，就需要摘除了。花茎不要留长，要从底部剪断，这样不仅可以让切口不显眼，且整齐干净。

大型穗状花序的品种

对于像毛地黄这种依次开花的大花植物，要从已经褪色的花朵开始摘除，这样可以让植株长时间保持良好的状态。
可以同样处理的植物：大花飞燕草、风铃草以及金鱼草等。
从已经开完的花开始清理。最后将整个花穗从叉根部剪掉。

在侧芽上继续开花的品种

像距缬草一类在侧芽上继续开花的植物，越早剪掉残花越能促发侧芽萌动。如果是穗状花序，当整体有八成的花都开了就可以剪下了。
可以同样处理的植物：紫罗兰、金盏花等。当主枝上的花将要开败时，从侧芽上方剪断。侧芽长出后会接着开第二轮花

立柱支撑

有些高大的品种，随着植株生长，越发容易因为风雨或是花的重量而倒伏。所以为了美观，当高度达到成人膝盖左右就可以尽早立柱支撑了。

毛地黄之类花茎长而直立的品种，在花茎的后面立柱。大花奥莱芹或毛剪秋罗这类枝条呈喷射状分散的植物，要在植株周围立若干支柱，在膝盖高度不显眼的地方，用绳子将植物绑起来。

长花茎种类的立柱支撑

当毛地黄之类的植物达到膝盖高度时，要用比花穗的最终高度低一些的支柱，直接立在花茎后方不显眼的地方。
可以同样处理的植物：大花飞燕草、蜀葵等。

摘心和回剪

摘心，即将生长中的茎、枝条的顶端嫩芽摘除。摘心后可促进侧芽发育，增加枝条数量和开花量。

回剪，即在生长过程中将伸长的茎从中剪断，对株型进行修整。福禄考和婆婆纳这类杂交品种在初夏花落后，高度修整到植株的 1/3~1/2，可以控制长势以修整后的株型再度开花。零星开花的植物如加勒比飞蓬经过修剪后，可以达到一下子同时开花的效果。

紫菀或鼠尾草一类必须等到植株长高、到秋天才开花的品种，可以在 7 月前，修剪到在距离地面 15cm 的地方，可以控制其开花高度。通过修剪不仅可以改善通风，利于植物度夏，还可以使杂乱庞大的株型变得紧凑。

摘心

以彩叶草为例，在植株还小的时候，摘除顶端的嫩芽，可以促进侧芽萌发，增加枝条数量，使得植株形态更为美观。
可以同样处理的植物：蓝花矢车菊、红缬草、大丽花等。

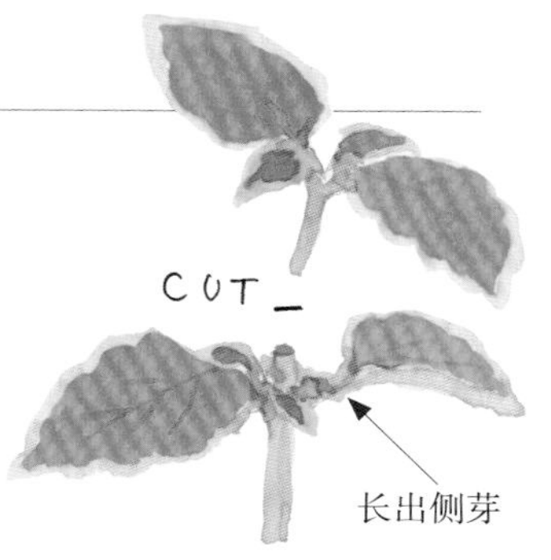

顶端用剪刀剪断

为了度夏的修剪

像钓钟柳一类不太适应高温高湿环境的品种，在花后进行修剪可以改善通风，利于度夏。
可以同样处理的植物：蓍草、毛剪秋罗、异株蝇子草等。

修剪掉一半左右

顶端开花植物的修剪

加勒比飞蓬等枝条边生长边在顶端开花的品种，等到大概百分之八十的花都凋谢了就可以修剪了。其后会以修剪后的形状再度一齐开花。
可以同样处理的植物：矮牵牛、马鞭草、山桃草等。

1 大部分的花开完后，草茎伸长凌乱的飞蓬属。

2 修剪成球形，将整体大小缩小一半。

3 将植株中受伤的叶片、茎剪除，修剪完成。

地被植物的修剪

筋骨草一类匍匐生长的地被植物，当过度蔓延时，也可进行修剪。这样会从植株主根附近冒出新芽，显得更加有活力。
可以同样处理的植物：蔓长春花、花野芝麻、百里香等。

1 匍匐茎恣意生长，已经延伸到石道上的筋骨草。

2 将延伸出来多余的部分完全剪掉。

3 修剪完成。看上去紧凑多了。

P/NP-T.Maki

晚秋到早春的宿根植物管理

宿根植物中虽然有些品种有冬天地上部分落叶的习性，但在温暖的地方，也会残留一些茎叶。如果不加以管理，到了春天，残留的枝条上凌乱地发芽，老叶和新芽同存，非常不美观。

所以到了晚秋，或是新芽还未长出的早春，可以贴近地表修剪整理一下。在有强霜降的地区，枯萎的茎叶能够起到防霜的作用，所以可以春天再进行修剪。到了春天，将植株周围的落叶清理干净，以便新芽能够充分接受日照。

常绿的品种也是在春天萌发新芽。在初春尽早修剪，新芽就能快速生长，外观也会很漂亮。

冬天地上部分残留的品种

吊钟柳‘红皮’等地面部分呈放射性分散叶片状（莲座叶）的过冬品种，将莲座叶保留，老的茎叶从根部剪掉。如果是从根部发新芽的新风轮的话，保留新芽，其余部分剪掉。
可以同样处理的植物：桃叶风铃草、超级鼠尾草等。

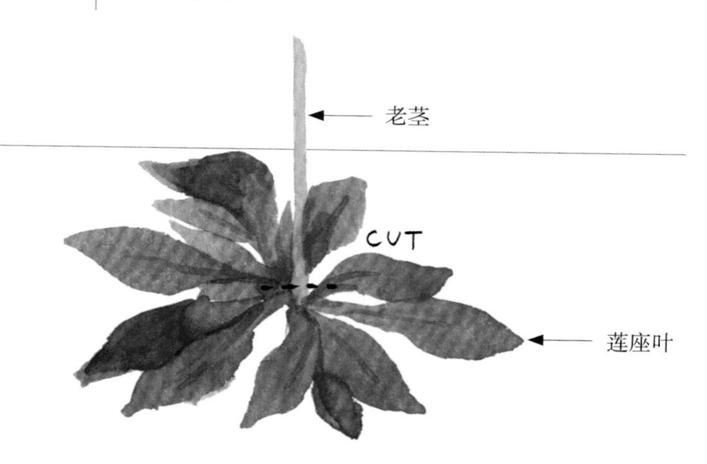

冬天地上部分枯萎的品种

落新妇等冬季地上部分完全枯萎的品种，如果放任不管，腐烂的枯叶会对春天萌发的新芽造成伤害，另外，新叶和枯叶交错也十分不好看，所以要从根部修剪。
可以同样处理的植物：松果菊、福禄考、紫茎泽兰等。

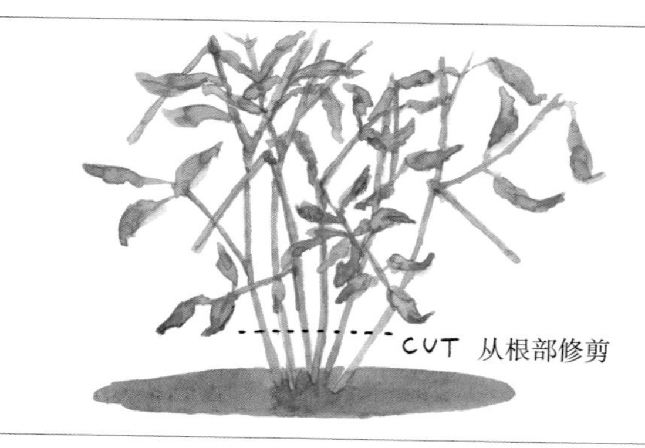

常绿的品种

阔叶山麦冬属于常绿的品种，冬天也留有叶片。但是需要在早春确认根部新芽后，贴近地表修剪，这样可以欣赏独属于新叶的美丽。
可以同样处理的植物：蔓长春花、矾根等。

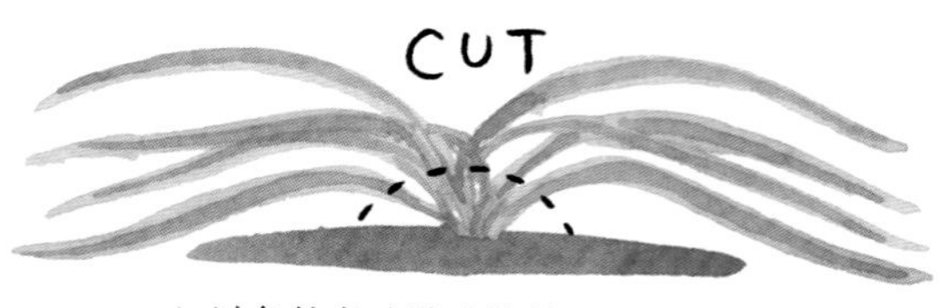

过冬的老叶贴地修剪

Point

注意自播种

加勒比飞蓬、大花奥莱芹等会自播然后长出很多新苗。如果放任不管，虽然扩大了植物面积，但过密的状态也易导致徒长。因此只保留状态好的植株，其余的挖出来移植别处。

自播长出的飞蓬，在母株的阴影里有些徒长了。

为了保持宿根植物的良好形态要进行分株

分株的目的不仅是为了增加植株数量，也是为了老株更新或是将生长过盛的植株体积缩小。

宿根植物在种植后 2~3 年会完全长成，开出非常漂亮的花来。但 4~5 年后，植株的中心会由于闷热而枯萎，生长也变得缓慢，并且植株过大，会破坏整体的平衡感，对周围植物的生长产生不好的影响。

这时候对植物进行分株是非常有效的措施。宿根植物一般适合在 10~11 月进行分株。这个时候植株生长缓慢，分株对它的负担比较小，也比较容易确定芽点的位置。另外，栽种后恰好冬季可以生根，这也利于春天的顺利生长。分株后请尽快定植到混合好堆肥的土里。

直立型的分株

直立型植株是从根部长出新芽，每一年都会长大很多。当新芽体积过大并簇拥在一起时，不利于植株的生长，这时就需要进行分株。图中所示的是直立性的婆婆纳。

可以同样处理的植物：落新妇、玉簪、琉璃菊、萱草等。

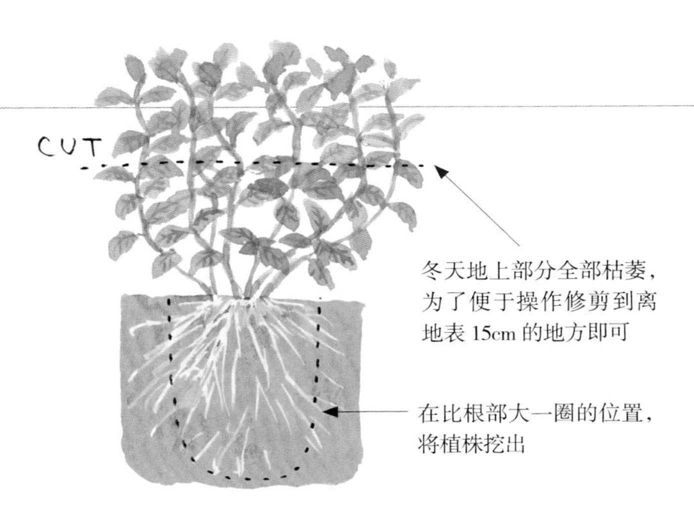

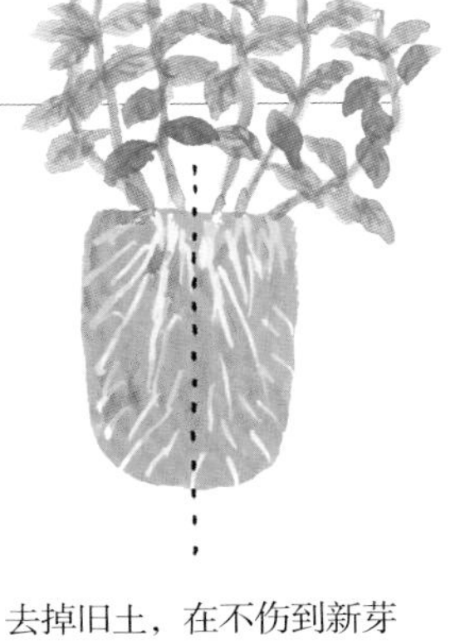

地下茎生长型的分株

通过地下茎蔓延，在节点上长出新芽的类型，很容易渗透到周围其他的植物中去。新芽的生长比较旺盛，母株则会越来越弱，所以长大后就应该进行分株。图中所示的是缘毛过路黄‘火饼干’。

可以同样处理的植物：打破碗花花、紫斑风铃草（原变种）、紫茎泽兰、羊角芹等。

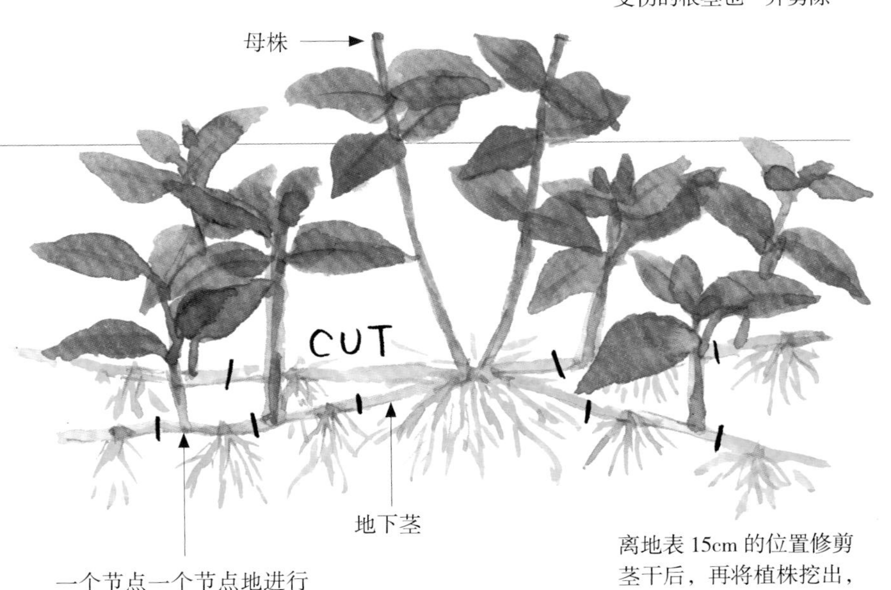

P/NP-T.Maki

图鉴篇

体现四大角色的宿根植物图鉴

这里将宿根植物分为主景植物、衔接植物、彩叶植物和地被植物四种角色进行介绍。同时也会介绍在制订换植周期时所需要宿根植物的“使用类型”。请大家在做种植规划时灵活使用。

图鉴的使用方法

这里将宿根植物分为主景植物、衔接植物、彩叶植物和地被植物四类进行介绍和推荐，希望能对大家在选择植物上能有一定的帮助。在依作用划分外，又按高度分为：膝盖以下高度（40cm 以下）、腰部高度（40~70cm）、腰部以上高度（70cm 以上），以此为序来介绍。

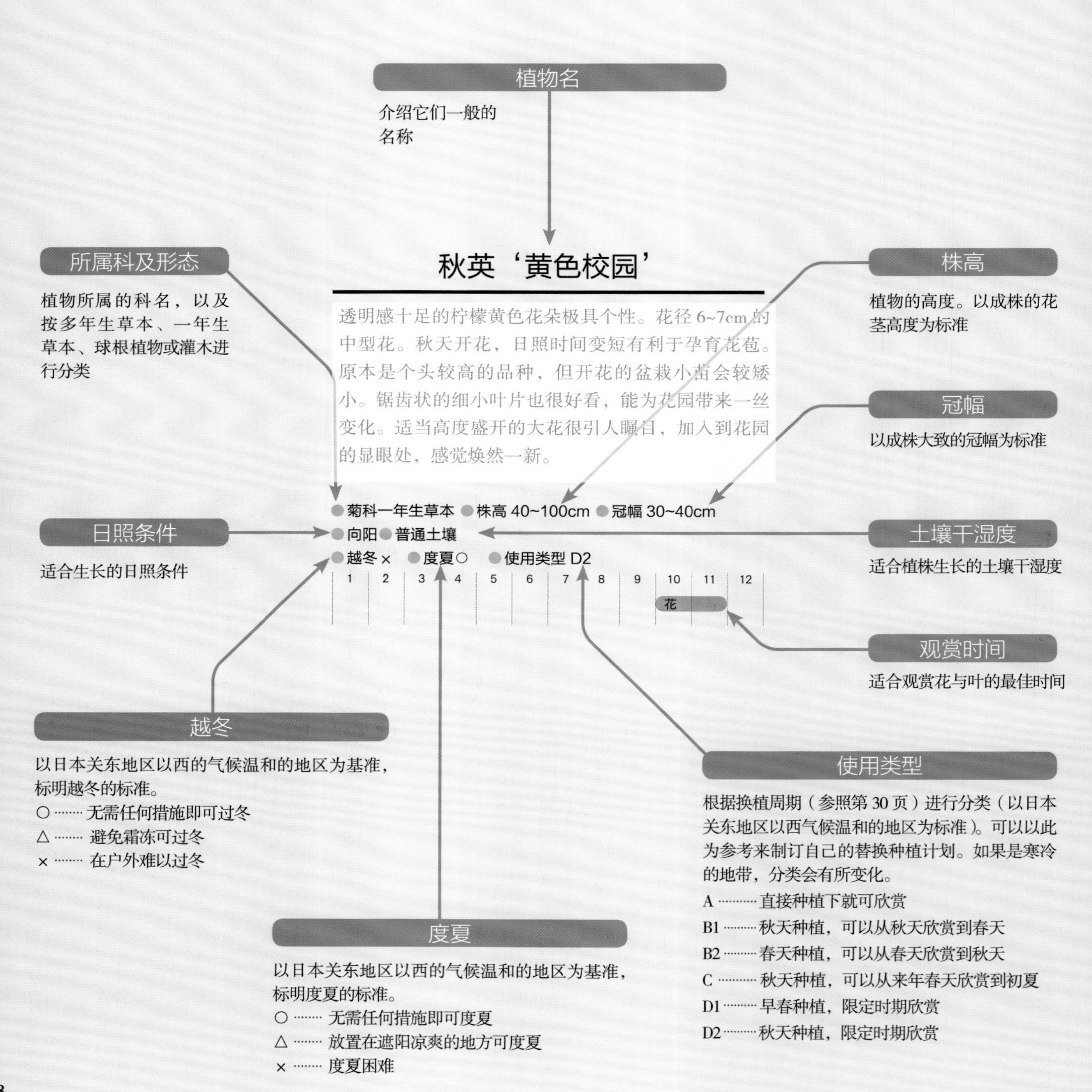

主景植物

步入花园第一眼就能看到的标志性植物。主景植物决定了花园的整体印象，非常重要。所以首先选择主景植物，再选择与之搭配的其他植物。

白晶菊的日文名为雪士达山雏菊

白晶菊‘新娘花束’

Mauranthemum paludosum 'Bridal Bouquet'

开花初期是黄色，逐渐变白，十分具有观赏性。花朵直立向上且极易爆盆。因为是矮小品种，所以也适合在狭小的空间、花坛前排种植。花朵硕大而华丽，和任何草花都可轻易搭配。常绿的特性也使冬天不那么寂寞。对湿热环境略不适应，花后进行修剪。

- 菊科多年生草本
- 株高 20~30cm ●冠幅 30~40cm
- 向阳 ●普通土壤
- 越冬○ ●度夏○ ~ △ ●使用类型 A

1	2	3	4	5	6	7	8	9	10	11	12
				花							

欧洲银莲花‘极光’

Anemone Cororaria 'Aurora'

经过低温培育后的开花株在晚秋上市，整个春天反复开花。在花朵稀少的晚秋以后，其重瓣大朵的花极其引人瞩目。和相同花期的三色堇、角堇组合在一起也很漂亮。将角堇或香雪球等小花品种种在周围也很协调，给人干净清爽的印象。

- 毛茛科球根
- 株高 20~40cm ●冠幅 20~30cm
- 向阳 ●普通土壤
- 越冬○ ●度夏△ ~ ×（种着不同时）●使用类型 B1

混色三色堇 自然系列‘黄铜渐变’

Viola wittrockiana Nature™ 'Bronze Shade'

黄铜色与杏色搭配出的复古感是其魅力所在。因其丰富的色彩，群植时可以欣赏到颜色柔和的渐变。在三色堇中属于小花品种，花量不输角堇。生长旺盛，分枝迅速，冬天也可以不断开花，适合种在需要花色点缀的场所。

- 堇菜科一年生草本
- 株高 15~30cm ●冠幅 25~40cm
- 向阳 ●普通土壤
- 越冬○ ●度夏 × ●使用类型 B1

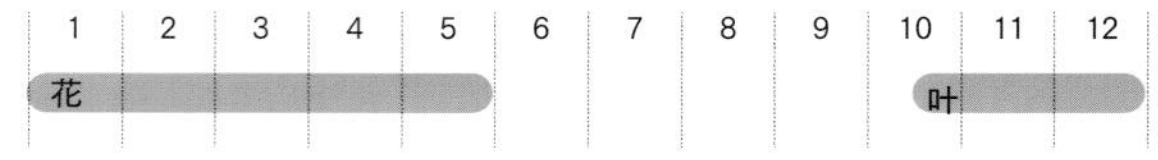

长春花 涅槃系列‘瀑布的粉色飞沫’

Catharathus roseus Nirvana™ 'Cascade Pink Spanish'

大花，边缘浅粉中间深粉的双色品种，很显眼。抗雨、抗病能力强，夏天不易枯萎，可以一直赏花到秋天。具有爬藤性，茎朝横向生长，所以推荐种在有一定高度的花前排。耐高温和干燥，不耐潮湿，请选择排水性较好的地方种植。

- 夹竹桃科多年生草本（可作一年生）
- 株高 15~25cm ●冠幅 30~40cm
- 向阳 ●透水性良好的土壤
- 越冬 × ●度夏○ ●使用类型 B2

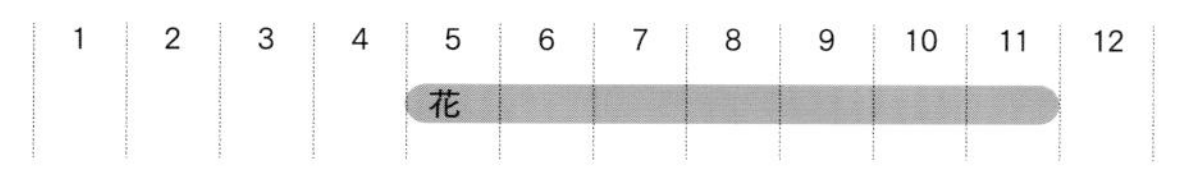

长春花的日文名又叫日日草

新几内亚凤仙花 Florific 系列

Impatiens Hawkesi 'Florific™'

株型紧凑的新几内亚凤仙花适合种植在狭小的空间内。虽然株型小但分枝性好，花多且茂盛，姿态也不易凌乱。在光线较弱的半日照环境里，花朵十分夺目。种在前排，旁边配上蝴蝶草，后面搭配彩叶草，即使是短日照环境也可以鲜艳多彩。

- 凤仙花科多年生草本（可作一年生）
- 株高 15~30cm ●冠幅 30cm
- 短日照 ●普通土壤
- 越冬 × ●度夏△（向阳的位置）●使用类型 B2

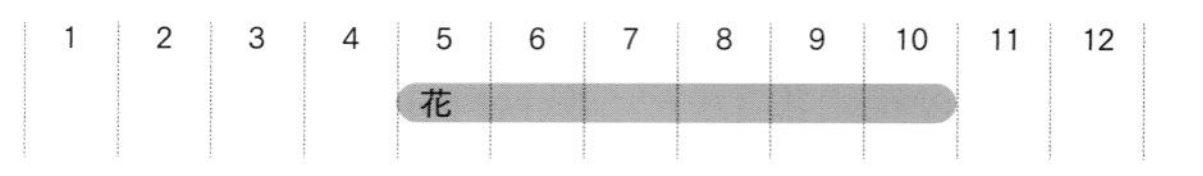

图片中是 Florific 系列‘甜橙’

展望系列「银莓」

杂交矮牵牛 超级矮牵牛 展望系列

Petunia hybrid Supertunia Vista™

生长旺盛且耐高温高湿，即使只有一株也可以很快爆盆。开花性很好，可以从春天一直开到晚秋，适合种植在花坛前排易被人注目、需要花朵装饰的位置。等到所有花凋谢后，将植株整体修剪至1/3~1/2处，可以以修整后的姿态再度赏花。即使受伤也能很快恢复，保持良好的状态。

- 茄科多年生草本（可作一年生）
- 株高 30~40cm ●冠幅 80~100cm
- 向阳●普通土壤
- 越冬 × ●度夏○ ●使用类型 B2

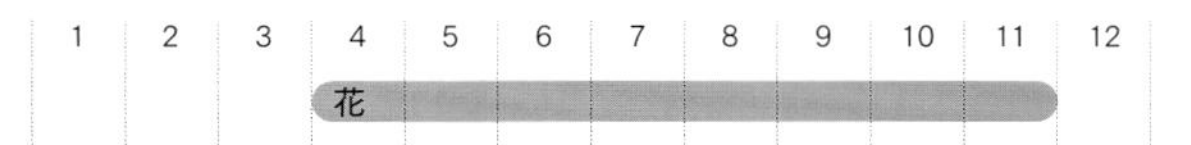

花毛茛

Ranunculus asiaticus

花朵大，层层叠叠的轻薄花瓣给人春天一般柔和的印象。从浅色、艳色到复色，花色丰富，可以搭配不同的景观。经过一整个冬季的生长，春季开花株会上市。霜冻会对花、叶造成伤害，所以若是种在花园中，在春分之前都需要注意防霜冻。与花形、株型都完全不同的植物搭配，如小花或是在后面种上高一点的植物，会使其更加出彩。

- 毛茛科球根
- 株高 25~30cm ●冠幅 15~25cm
- 向阳●普通土壤
- 越冬△●度夏 × ●使用类型 D1

1 2 3 4 5 6 7 8 9 10 11 12

花

蓝目菊 宁静系列‘玫瑰魔法’

Vsteospermum ecklonis Seronity™ 'Rose Magic'

株型矮小、分枝多，生长茂盛。刚开花时是带点古铜的鲑红色，随着时间推移会转为深玫瑰粉色，即使只有一株也很漂亮。充满春天气息的柔和色调，为春天更添一抹色彩。如果是在早春时节种植，需要在檐下放置几天以适应寒冷的气候，减少对植株的伤害。

- 菊科多年生草本
- 株高 25~35cm ●冠幅 35~50cm
- 向阳 ●普通土壤
- 越冬● ~ △ ●度夏△ ~ × ●使用类型 D1

Shop ABABA

杂种铁筷子‘黑天鹅’

Helleborus × hybridus 'Black Swan'

低调却极具存在感的花，与西式或和式风格都很搭。黑色的花很有品味。为缺少花朵的早春增添一抹色彩。和花期相近的葡萄风信子搭配，可以突出花朵的魅力，变得更加华丽。常绿的叶片在花后也可以欣赏，适合种植在希望一年四季都能欣赏到绿色的地方。

- 毛茛科多年生草本
- 株高 25~40cm ● 冠幅 40~50cm
- 向阳 ~ 短日照（夏季避免阳光直射）● 普通土壤
- 越冬○ ● 度夏△ ● 使用类型 A

洋水仙‘粉红魅力’

Narcissus 'Pink Charm'

摇曳伸展的花茎，一枝一花，富有立体感的杯状副花冠引人注目。前端由杏色向粉色渐变，这种柔和的色调也是它的魅力所在。纯白色的花瓣也更能衬托出副花冠独特的色彩。与种下去不再动的宿根植物一起种，从花后一直保留到枯萎前的叶片不会太惹眼。

- 石蒜科球根植物
- 株高 30~40cm ● 冠幅 20~30cm
- 向阳 ~ 短日照 ● 普通土壤
- 越冬○ ● 度夏○ ● 使用类型 A

NP-S.Maruyama

松果菊‘椰果来檬’

Echinacea purpurea 'Coconut Lime'

在花朵逐渐稀少的整个夏季，它都能开出大朵的花，给人留下深刻印象。在松果菊中虽然属于个头比较小的品种，但开花性好，重瓣的花朵富有体积感。白色和绿色的搭配十分清爽。耐寒耐暑，可以种下去不再动。冬天地上部分会枯萎。

- 菊科多年生草本
- 株高 50~70cm ● 冠幅 30~40cm
- 向阳 ● 普通土壤
- 越冬○ ● 度夏○ ● 使用类型 A

1	2	3	4	5	6	7	8	9	10	11	12
					花	花	花				

M.Amano

大丽花 女士系列‘沙丽’

Dahlia Dalaya™ 'Shari'

初夏入手的开花苗会比较容易种植。粉红与嫩黄交织的小花渐次开放，花径有 5~8cm，即使只种一株也足够华丽。矮小的株型易于打理，适合种植在花坛的边缘。抗霜霉病能力强，种植简单。不太耐热，在梅雨季结束后立即进行修剪有利于度夏，等到秋天气温下降，又会迎来第二轮花开。

●菊科多年生草本
●株高 40~50cm ●冠幅 30~40cm
●向阳●普通土壤
●越冬○（0℃以下△）●度夏△●使用类型 A、B2（寒冷地带）

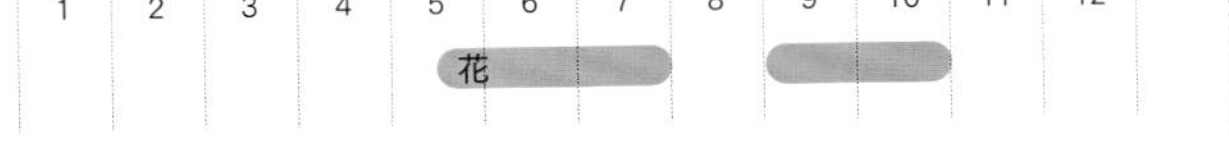

黑心金光菊‘樱桃白兰地’

Rudbeckia hirta 'Cherry Brandy'

樱桃红色的花瓣中，带些紫色的棕色花蕊十分惹眼。植株健壮易种植，花期可从初夏一直延伸到秋天。花色令人印象深刻，即使只增添一株，也能使花园变得时髦起来。由于色彩的幅度较大，多株群植后，可以欣赏到自然的色调渐变效果。不耐高温高湿，适合种植在排水性、通风性都良好的环境中。

●菊科多年生草本
●株高 60~70cm ●冠幅 30~40cm
●向阳 ●普通土壤
●越冬○ ●度夏○ ●使用类型 B2

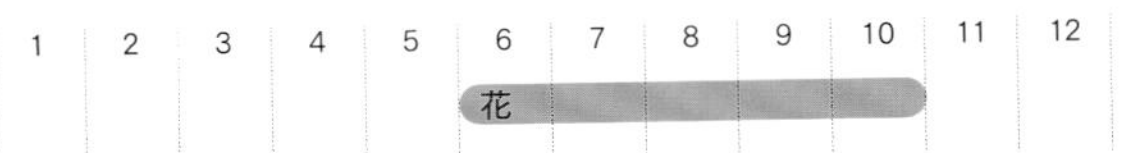

紫罗兰‘复古’

Matthiola incana 'Vintage'

可以从秋天一直赏花到春天。花色丰富，色调柔和极易搭配，和花期相近的三色堇或角堇的组合不可错过。株型紧凑，分枝性好，花朵直立性佳。花朵重瓣，花期也长。银色的叶片富有魅力，可以使花园明亮起来。请放置在避开霜降寒风的场所，以免伤害植株。

●十字花科一年生草本
●株高 30~50cm ●冠幅 25~30cm
●向阳●普通土壤
●越冬○～△●度夏 × ●使用类型 B1

图中展示的是复古丁香紫

金盏菊‘咖啡奶油’

Calendula officinalis'Coffe Cream'

初看是杏色的花朵，背面却呈棕色。花瓣细长，使得背面的棕色若隐若现，十分美丽。颜色柔和的大花与其他草花极易搭配。和冬季必备的三色堇与角堇花形截然不同，使整体花境不会显得单调。由于花开不断，可通过经常修剪残花增加分枝，将植株修整成丰满的球形。

●菊科一年生草本
●株高 20~35cm ●冠幅 25~40cm
●向阳●普通土壤
●越冬○●度夏 × ●使用类型 B1

1	2	3	4	5	6	7	8	9	10	11	12
花	花	花	花	花	花				花	花	花

郁金香‘安琪莉可’

Tulipa 'Angelique'

花瓣外沿淡绿，中间粉白相交，春天的气息扑面而来。数球群植更令人印象深刻。在郁金香中属于晚开品种，所以如果同别的郁金香一起种植，注意要选择花期相同的品种。与角堇这样的矮小一年生草本植物一起种植的话，美丽的大花更加突出。与宿根植物一同种植也会增加其观赏性。

●百合科球根
●株高 40~50cm ●冠幅 20~30cm
●向阳●透水性良好土壤 ~ 普通土壤
●越冬○●度夏△●使用类型 C

木茼蒿 精灵之舞系列‘四季’

Argyranthemum frutescens Fairy Dance™ ‘Four Seasons’

因为分枝性好，极易爆盆，所以几株一起种植效果非常突出。淡淡的粉色充满春天气息。以春、秋为高峰期，四季不断循环开花。因为花期长，定期施液肥可以增加开花量。冬天到早春时节入手的开花苗要避免霜冻。

●菊科多年生草本
●株高 20~60cm ●冠幅 30~50cm
●向阳●普通土壤
●越冬○●度夏△●使用类型 D1

Hakusan

Ogihara

薰衣草叶熊耳菊

Arctotis stoechadifolia var. grandis

白色的花瓣中泛蓝的花蕊十分美丽。在银色叶片的衬托下，花朵更加明亮优雅。因为耐寒能力佳，在早春还没有开花之前都可以作为彩叶品种欣赏。分枝性良好，容易变得丰满，在生长最旺盛的时期花茎窜出后，可使整体株高超出想象的高。与前排和左右高度较低的植物搭配，可以使花境清爽紧凑，还能欣赏到各自的花姿。

●菊科多年生草本
●株高 30~80cm ●冠幅 30~45cm
●向阳●普通土壤
●越冬△●度夏△●使用类型 D1

1	2	3	4	5	6	7	8	9	10	11	12
			花								

M.Amano

百子莲‘圣母皇太后’

Agapanthus 'Queenmum'

罕见的白蓝双色百子莲。修长的花茎上球形的花房直径可达 20cm 以上，值得一赏。从初夏开始的季节之交，花朵不断盛开。虽然是常绿品种，冬天不会落叶，但在寒冷地区需要做好防寒措施。因为花朵比较大，如果植株不够健壮则不会开花。

●石蒜科多年生草本
●株高 80~120cm ●冠幅 60~90cm
●向阳 ●普通土壤
●越冬○ ●度夏○ ●使用类型 A

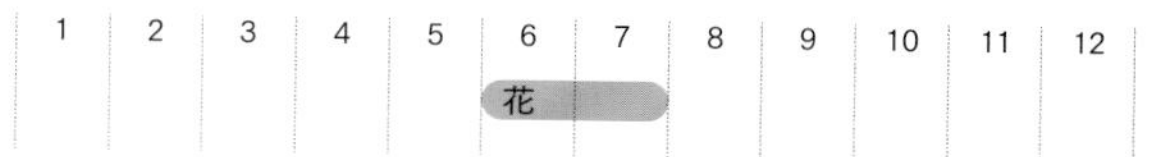

六出花‘印度之夏’

Alstroemeria 'Znohan Summer'

叶片铜色，橘色和黄色相间的花朵十分鲜艳。虽然略有异域风情，但中性的色调与大气的叶色使其和别的植物也很好搭配。与黄绿色的叶片植物组合的话，能更加衬托出铜色叶片的特别。与以前的品种相比，更耐炎热，即使在温暖的地区也易于种植，夏天也不会落叶。春天和秋天开花，开花性好，可以反复赏花。冬天地上部分会枯萎。

●百合科多年生草本
●株高 60~100cm ●冠幅 30~50cm
●向阳 ~ 短日照●普通土壤
●越冬○ ●度夏○ ●使用类型 A

1	2	3	4	5	6	7	8	9	10	11	12
				花							

M.Amano

百合‘木门’

Lilium 'Conca Door'

OT 系的大花百合。柠檬黄的花瓣，边缘呈现淡淡的奶油色，这种色彩的深浅变化既醒目，又容易与其他的草花搭配。多株群植会增加可看性。从初夏开始，在季节转换之际开花，给花园增加了看点。2~3 年间可以种着不动，可以在植株底部覆盖其他宿根植物，控制地表温度不要上升过高。

●百合科球根
●株高 80~120cm ●冠幅 40~50cm
●短日照●普通土壤
●越冬○ ●度夏○ ●使用类型 A

1	2	3	4	5	6	7	8	9	10	11	12
					花						

NP-S.Kosuda

也被叫做「黄色卡萨布兰卡」

凤梨鼠尾草‘金冠’

Salvia elegans 'Golden Delicious'

晚秋里盛开的朱红色花朵与金色的叶片形成强烈对比。叶片直到掉落前都呈现金黄色，所以即使不在花期，也可作为彩叶欣赏，并且还能散发出甜香。植株生长旺盛，株型较大，所以需要在夏天到来之前通过摘心控制高度，新生的侧枝也会使株型更加紧凑。冬天落叶。

- 唇形科落叶灌木
- 株高 100~120cm ●冠幅 50~80cm
- 向阳●普通土壤
- 越冬○●度夏○●使用类型 A、B2（寒冷地区）

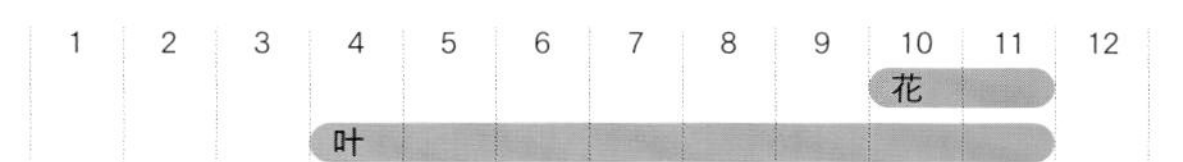

大叶醉鱼草 蜂鸣系列

Buddleja davidii 'Buzz'™

即使是地栽也不会长得过大的矮小品种。不受种植环境局限，也可以作盆栽。有好闻的香味，易吸引蝴蝶，所以也适合种植在蝴蝶花园中。耐热耐寒，种植简单。将凋谢的花穗从根部剪除，很快会迎来第二波开花，一直到秋天都可以赏花。冬天落叶。

- 醉鱼草科落叶灌木
- 株高 80~120cm ●冠幅 80~120cm
- 向阳●普通土壤
- 越冬○●度夏○●使用类型 A

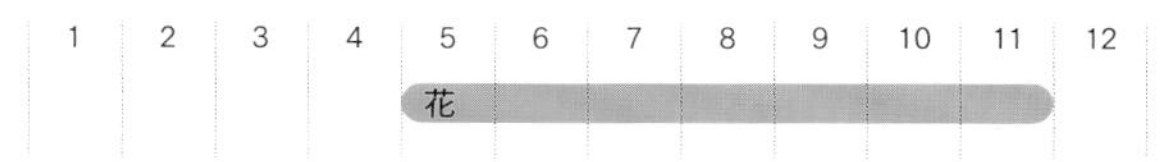

乔木绣球‘安娜贝尔’

Hydrangea arborescens 'Annabelle'

小小的花朵开放后呈球状十分可爱。花蕾是红色的，开放时则是带点鲑红的粉色。在当年的新枝上开花，所以要在早春时修剪。越贴近根部修剪，花朵越大，株型也越紧凑。花后在花下的 3~5 个节点的位置修剪，这样到了秋天还能再开一次花。一年中几乎花开不断，增加了可看性。

- 绣球科落叶灌木
- 株高 100~150cm ●冠幅 100~150cm
- 向阳～短日照 ●普通土壤
- 越冬○●度夏○●使用类型 A

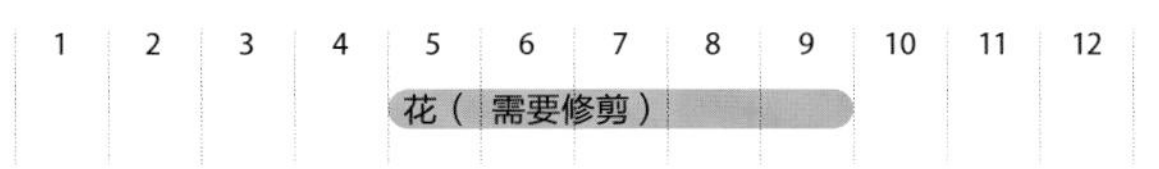

图中是乔木绣球‘安娜贝尔’的粉色品种

杂交四季秋海棠 特大号系列‘铜叶红花’

Begonia Whopper Red with Bronze leaf

花径能达到4~7cm，与大片呈椭圆形、泛着光泽的铜色叶片对比，十分美丽。非常健壮，如果地栽会长得很大，即使在阳光直射的环境下叶片也不会被灼伤。单株就可以长很大，所以适合较大的种植空间。如果是作为花坛的背景，铜色大叶片可以很好地衬托出前排的草花。

●秋海棠科多年生草本（可作一年生）
●株高 40~80cm ●冠幅 60~80cm
●向阳～短日照●普通土壤
●越冬 × ●度夏○ ●使用类型 B2

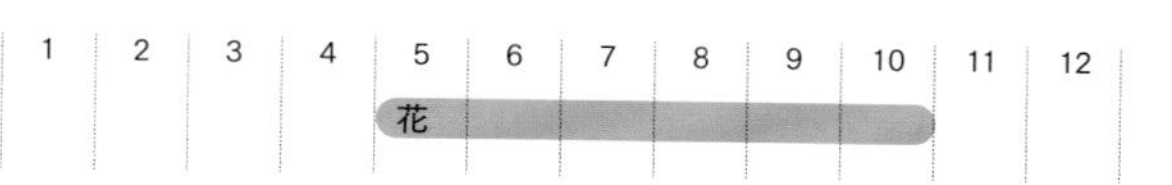

高翠雀花 极光系列

Delphinium 'Aurora'

重瓣大花的长花穗体积较大，是初夏必不可少的主体花卉。清新的蓝色系花朵十分美丽，群植可给人们留下深刻印象。在温暖的地区，用垂直伸展的初花作为主景植物，与分枝性良好的大花奥莱芹搭配，不仅十分协调，还可长期赏花。强健易种植，小苗在秋天种植，经过长时间生长，到了初夏，植株健壮，有利于花开。

●毛茛科多年生草本（在温暖地区可作一年生）
●株高约 100cm ●冠幅 50~70cm
●向阳●普通土壤
●越冬○ ●度夏 × ●使用类型 C

1 2 3 4 5 6 7 8 9 10 11 12
花

M.Amano

图中是极光系列「淡蓝」

蜀葵‘安慰’

Altheea rosea 'Comfort'

与普通的蜀葵相比较矮小，适合小空间内种植。重瓣和半重瓣的花朵紧挨着开放，再加上柔和的花色，华丽又很有存在感。春天定植的小苗，当年初夏就能开出美丽的花来。分枝良好的情况下，一直到秋天都能花开不断，所以当花凋谢后，要靠近根部修剪，以促进侧芽生长。

●毛锦葵科多年生草本
●株高 60~120cm ●冠幅 40~50cm
●向阳●普通土壤
●越冬○ ●度夏○ ●使用类型 D1

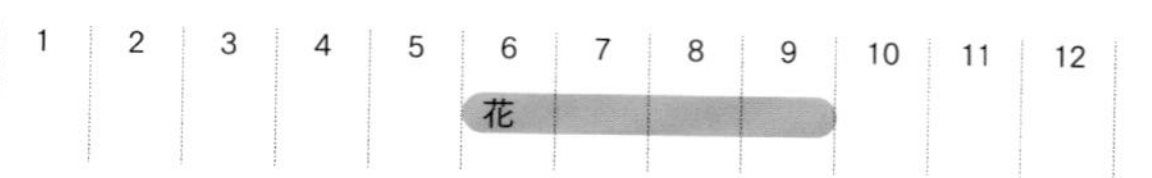

图中是杏色「安慰」。蜀葵的日文名叫立葵，英文名是hollyhock

衔接植物

衔接植物能够衬托出主景植物，在各种植物间起到过渡作用，协调整体平衡。尽管不一定像主景植物那样华丽，但却是必不可少的存在。

山桃草‘粉色棒棒糖’

Gavra Lindheimeri ‘Lilipop Pink’

强健，可以一直种着不动，花期很长，属于山桃草中的低矮品种。即使是狭小的空间也适合种植。虽然株型紧凑，但分枝多花也多，且花开的位置较低很矮。密集开放的深粉色花朵给人留下深刻印象。耐热性好，可以反复开花直到秋天。

●柳叶菜科多年生草本
●株高 20~30cm ●冠幅 20~30cm
●向阳●普通土壤
●越冬○●度夏○●使用类型 A

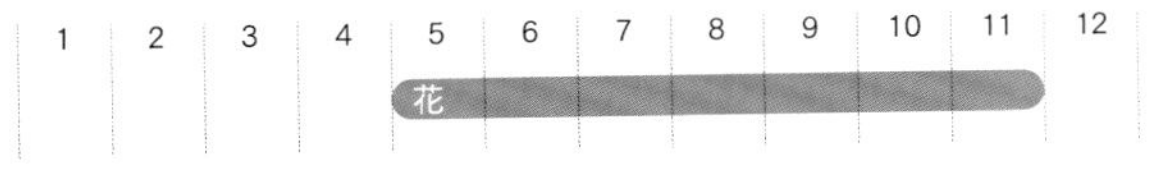

加勒比飞蓬

Erigeron Karvinskianus

细细的茎叶舒展着，开满了小花，富有自然的气息又惹人怜爱。随着花朵不断盛开，花瓣从白色逐渐变为粉色，即使一株也十分华丽。因为其生长旺盛且开花不断，当80%的花都开尽时，修整株型到一半的大小，又可以接着赏花了。略显平凡的小花如果和彩叶植物搭配种植，会呈现不同的风格。

●菊科多年生草本
●株高 15~40cm ●冠幅 35~45cm
●向阳●普通土壤
●越冬○●度夏○●使用类型 A

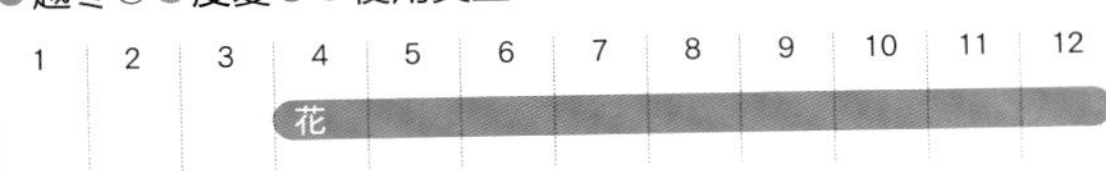

也被叫作源平小菊

纸鳞托菊

Rhodanthe anthemoides

特征是具有磨砂质感的花瓣。花蕾时期粉色的萼片十分漂亮，一样具有观赏性。将结满花蕾的苗在晚秋种下，有助于延长花期，冬天也可以长时间赏花了。生长旺盛，白色的小花非常百搭。雨水会对花朵造成损伤，所以雨后要及时摘除残花。当所有的花几乎开尽时进行修剪，下次开花时株型就会保持整齐。

●菊科一年生草本
●株高 15~25cm ●冠幅 25~35cm
●向阳 ●透水性良好土壤～普通土壤
●越冬○ ●度夏 × ●使用类型 B1

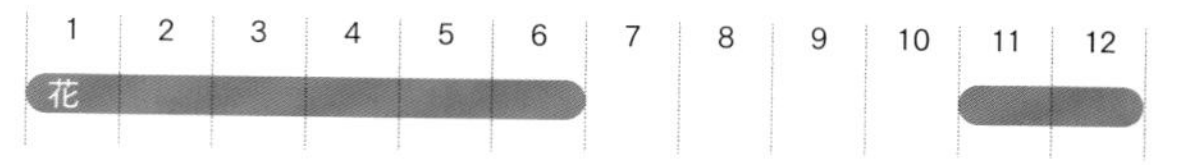

帚石南‘花园女孩’

Callura Vulgaris ‘Graden Girls’

经常被认为是花的部分，其实是它的萼片。在花蕾的状态时就已着色，因为花朵不会绽开，所以可以欣赏很长一段时间。大片花枝直立的姿态十分美丽，可以用在花境的边缘，看上去很有分量。冬季它的状态基本不会有变化，所以只要控制植株的间距，种下就可以直接观赏了。因为花很小，所以和任何植物都可搭配。

●杜鹃花科常绿灌木
●株高 15~20cm ●冠幅 25~35cm
●向阳 ●透水性良好土壤～普通土壤
●越冬○ ●度夏△ ●使用类型 B1

石竹‘粉色香吻’

Dianthus caryophyllus ‘Pink Kiss’

花瓣粉色的镶边给人华丽的印象。如果生长旺盛可以修剪成一小丛，株型会比较紧凑且整齐。高度较低，适合种在花坛的前沿。花小且密集，因此花柄就不很显眼。在秋天种植的话，虽然冬天只留有叶片，但一旦到了春天，一株就能长大不止一倍，非常可观。

●石竹科多年生草本
●株高 15~20cm ●冠幅 20~30cm
●向阳 ●普通土壤
●越冬○ ●度夏△ ●使用类型 B1

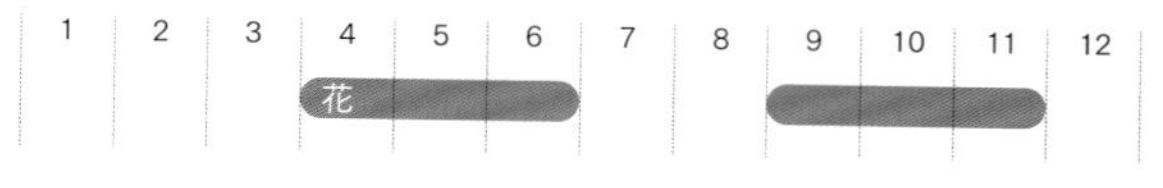

蓝盆花

Scabiosa columbaria

花茎从根部长出，顶端盛开着半球状的花朵，株型和花形都非常独特。和其他草花搭配，会给整体带来一丝变化。柔和的花色，像气球一般饱满的花朵是它的魅力所在。单朵看起来虽然挺大，但其实是由许多小花聚集起来的，所以和任何草花都很好搭配。四季开花的品种，从秋天一直到初夏都可以花开不断。

- 川续断科多年生草本
- 株高 15~30cm ●冠幅 20~25cm
- 向阳 ●普通土壤
- 越冬○ ●度夏△ ●使用类型 B1

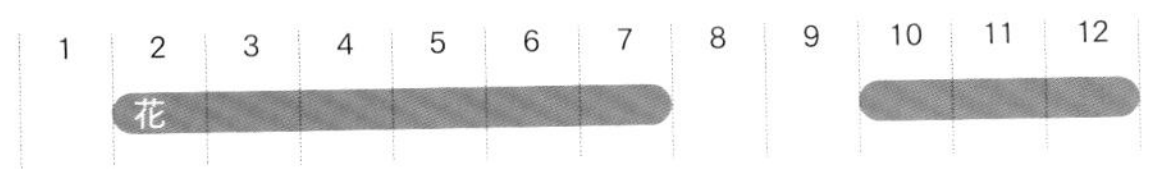

角堇 DJ 系列‘玫瑰粉’

Viola DJ™ 'Rose Pink'

抗寒又耐热，花朵美美地渐次开放，可以欣赏很长时间。到了春天即使气温上升也不易徒长。在玫瑰粉与白的双重色调中，中心的黄色更显华丽。冬天也不休眠，花开不断，适合种在长期需要艳丽色彩的场合。要定期追肥。秋天种下可以使植株健壮，冬天能更好地开花。

- 堇菜科一年生草本
- 株高 25~30cm ●冠幅 25~40cm
- 向阳 ●普通土壤
- 越冬○ ●度夏 × ●使用类型 B1

四季秋海棠 马甲系列

Begonia Semperflovens Doublet™

可爱的重瓣花朵，和古铜色叶片形成对比，非常美丽。植株不易徒长，茂密有整体感。数株群植，能达到一株大苗的效果，非常可观。美丽的铜色叶片不仅是亮点，也起到了收缩花境整体的效果。夏天避免阳光直射则比较容易度夏。

- 秋海棠科多年生草本（可作一年生）
- 株高 20~30cm ●冠幅 20~30cm
- 向阳～短日照 ●普通土壤
- 越冬 × ●度夏○～△ ●使用类型 B2

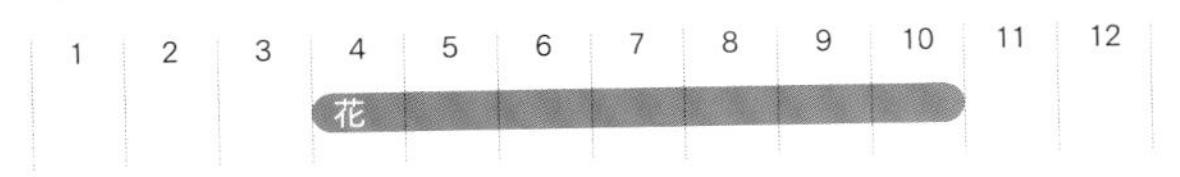

苏丹凤仙花 加利福尼亚蔷薇庆典系列‘苹果花’

Impatiens walleriana Fiesta 'Apple Blossom'

拥有和月季一般重瓣的花朵，颜色从中心到边缘逐渐变浅，十分浪漫，可以一直赏花到秋天。浅色的花朵虽然给半日照的环境增添了一抹亮色，但也要注意，日照条件太差会使植株徒长，不易开花。与彩叶植物搭配可以更加衬托出花色的美丽。被雨打落的残花要及时清理，保持良好的状态，以防伤害植株。

●凤仙花科多年生草本（可作一年生）
●株高 20~30cm ●冠幅 20~30cm
●短日照 ●普通土壤
●越冬 × ●度夏 ○ ●使用类型 B2

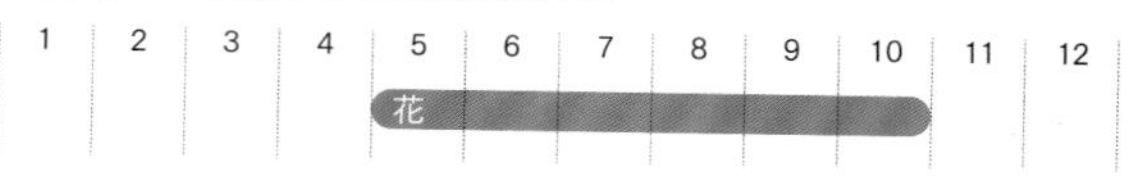

熊耳草‘艺术家’

Ageratum houstonianum Miller 'Artist'

通过扦插繁殖的熊耳草比原来的品种更加强健、生长快，即使只有一株也非常有体积感。伸长的茎上花朵渐次开放，花茎即使不摘除也不会显眼。植物株型丰满，独特的蓬松球状的花形，片植会给人更加深刻的印象。对湿热环境适应性强，即使是长时间的阴雨也不会受到损伤，夏天同样开花不断。

●菊科一年生草本
●株高 20~30cm ●冠幅 25~35cm
●向阳 ●普通土壤
●越冬 × ●度夏○ ●使用类型 B2

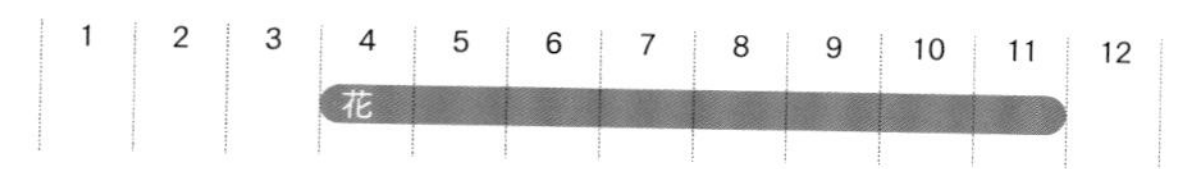

图中是艺术家 Basso blue

森林勿忘我‘我的记号’

Myosotis Sylvatica 'Myomark'

淡蓝色的大花忽忘草，让人一眼就能看到，能尽享赏花的乐趣。秋天种下，植株稳步生长，到了春天花会开满整株。因为生长旺盛，一株就很饱满，适合种在花坛的边缘。浅色的花朵与任何颜色的花都很相配。需要移植到无直射阳光处度夏。

●紫草科多年生草本
●株高约 20cm ●冠幅 20~25cm
●向阳 ~ 短日照 ●普通土壤
●越冬○ ●度夏△ ●使用类型 C

雏菊 塔索系列‘草莓和奶油’

Bellis perennis ‘Tussauds Strawberry & Cream’

雏菊一直以来都是让人心生亲近的植物之一。花朵如礼花般绽放，花瓣边缘为白色，越往中心越显桃红，十分可爱。因为是矮生品种，花朵一团团地紧挨着开放，株型也很整齐。浅色的花朵充满春天的气息，配上中间色调的植株一起栽种，立刻就华丽起来。圆圆的花朵十分抢眼，使景观更为独特。

- 菊科一年生草本
- 株高 15~20cm ●冠幅 25cm
- 向阳 ●普通土壤
- 越冬○ ●度夏 × ●使用类型 D1

日文名即雏菊

海滨希腊芥

Malcolmia martima

随着开放的进程，小小的花朵由白逐渐变粉，富有自然的气息。花虽小却可以开满整株，很是美丽，和任何草花都可以搭配。因为具有一定耐寒性，适合用于早春的补种。选择分枝较多的大株种植，可以给花园带来春天的气息并且增添华丽感。早春的生长较为缓慢，栽种时注意需要控制植株间的空隙。

- 菊科一年生草本
- 株高 15~20cm ●冠幅 25cm
- 向阳 ●普通土壤
- 越冬○ ●度夏 × ●使用类型 D1

老鹳草‘约翰逊蓝’

Geranium 'Johnson's Blue'

透明感十足的蓝色大花，个性又不张狂。生长茂盛，易修整成球形。锯齿状的叶片也很漂亮，秋天会变成红色。在老鹳草中属于开花较早的品种，和月季的花期基本重合。在温暖地区也较易度夏，但不耐高温高湿，需要种植在排水性良好的环境中。健壮的植株可以拥有非常大的花量。

●牻牛儿苗科多年生草本
●株高 30~60cm ●冠幅 35~45cm
●向阳～短日照 ●普通土壤
●越冬○ ●度夏△ ●使用类型 A

1	2	3	4	5	6	7	8	9	10	11	12
				花							

法国薰衣草

Lavandula stoechas

在温暖地区也易于种植并赏花的薰衣草。饱满的花穗顶端，像兔耳一般的苞叶十分可爱。品种很多，花色也丰富多变，花穗与苞叶的色彩对比是众人瞩目的焦点。生长旺盛，花朵依次开放。花谢后进行修剪，可以加强通风，利于度夏。

●唇形科常绿灌木
●株高 30~80cm ●冠幅 40~60cm
●向阳 ●普通土壤
●越冬○ ●度夏○ ●使用类型 A

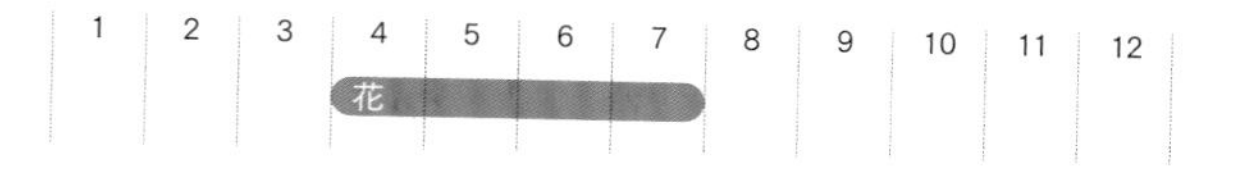

图中是「Blueberry Raffles」

超级鼠尾草‘波尔多蓝’

Salvia superba Bordeaux™ 'Blue'

成片直立的深蓝紫色直立花穗非常美丽。在超级鼠尾草中也属于矮小的品种。生长旺盛，开花密集。花后进行修剪，就可以以修整后的状态再度开花。种植在花坛的前排，可以突出后方的花朵。多株一起栽种则花朵的姿态更加鲜明。在秋天种植，到了春天植株会比较健壮，花量增加。

●唇形科多年生草本
●株高 25~40cm ●冠幅 30~40cm
●向阳 ●普通土壤
●越冬○ ●度夏○ ●使用类型 A

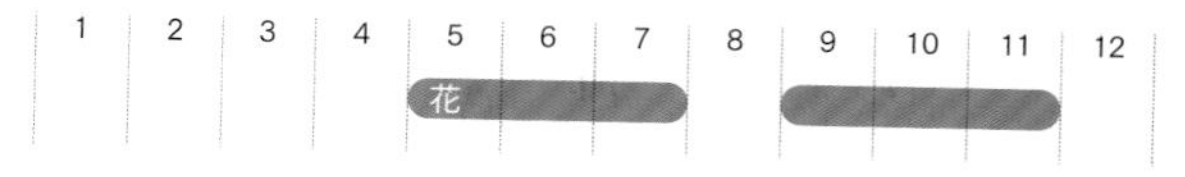

金鸡菊‘红移’

Coreopsis BigBang™ 'Redshift'

一种大花的金鸡菊。奶油色的花瓣，到了秋天，中心会泛出一丝红色。随着花朵的开放，红色会逐渐向外扩张，这种变色的效果是它的魅力所在。在花后进行修剪，从初夏到整个秋天会一直开花。分枝性与开花性良好。花茎强健，完全不需要支撑。利落的细花瓣与细长的叶片充满自然的气息，易于和其他草花搭配。

M.Amano

●菊科多年生草本 ●株高 50~60cm
●冠幅 30~50cm
●向阳 ●普通土壤
●越冬○ ●度夏○ ●使用类型 A

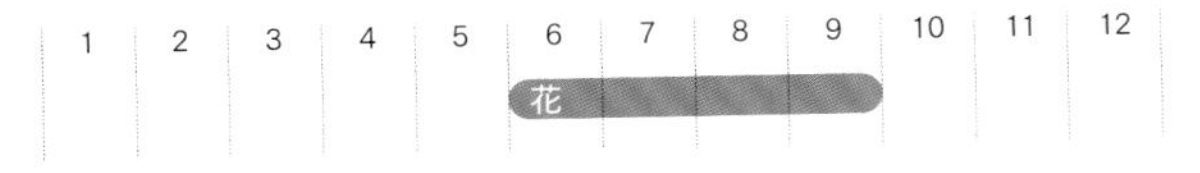

路边青‘迈泰’

Geum aleppicum 'Mai Tai'

半重瓣的花朵给人柔和的印象，非常适合春天。花色随着气温变化及花开的进程会有些微妙的变化，由杏色向粉色渐变的过程十分美丽。叶片从植株的根部长出，因此可以修整得比较矮小。生长迅速，在秋天种下，会比多数在初夏开花的宿根植物更早地开出数量众多的花朵。

●蔷薇科多年生草本
●株高 20~40cm ●冠幅 30~40cm
●向阳 ●普通土壤
●越冬○ ●度夏○ ●使用类型 A

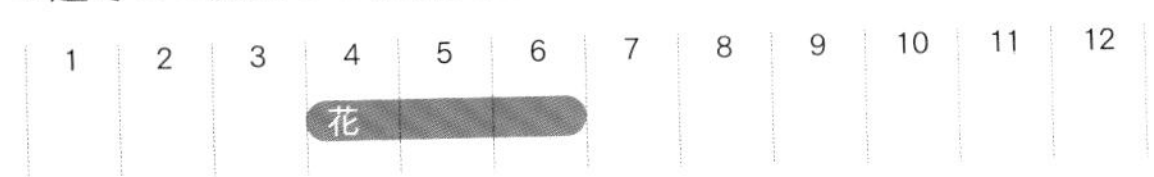

M.Amano

欧石南‘白色愉悦’

Erica colorans CV. 'White Delight'

自由舒展的枝条上细长的花朵紧凑地开放。花色是纯白的，随着花开会渐渐染上粉色。在冬季略显平坦的花坛中，有一定高度和体积的它必不可少。如果长得过高可以进行修剪，以增加分枝修整株型。硬质的叶片不易缺水。但需要注意极度缺水的情况下叶片会变成茶色，且无法恢复。

●杜鹃花科常绿灌木
●株高 30~80cm ●冠幅 30~50cm
●向阳 ●普通土壤
●越冬○ ●度夏△ ●使用类型 B1

NP-Y.Itoh

假匹菊‘非洲之眼’

Rhodanthemum 'African Eyes'

在长长的花茎前端，开着比玛格丽特略小一些的花，在它的根部，锯齿状的叶片茂盛生长，姿态整齐利落。当一片花开时非常漂亮。银色的茎叶搭配白色的花，让人眼前一亮。高度适中，很适合种在花坛中。与前排高度较低的植物搭配是个非常好的选择。

●玄菊科多年生草本
●株高 15~40cm ●冠幅 30~40cm
●向阳●普通土壤
●越冬○●度夏△●使用类型 B1

香彩雀 天使之容系列‘韦奇伍德·磁蓝’

Angelonia angustifolia Angel Fare™ 'Wedgwood blue'

蓝白双色给人清爽的印象。耐高温高湿，即使是夏天也能开花不断。在香彩雀中属于大花高个的品种。高度和体积都让其很有存在感，不易被其他植物遮挡，能为花园增添华丽的色彩。在狭小的空间中可作为主体花卉使用。分枝性好，花茎伸展，整体株型也较整齐。经常摘除残花有利于植株生长。

●玄参科多年生草本（可作一年生）
●株高 40~60cm ●冠幅 30cm
●向阳●普通土壤
●越冬 × ●度夏○●使用类型 B2

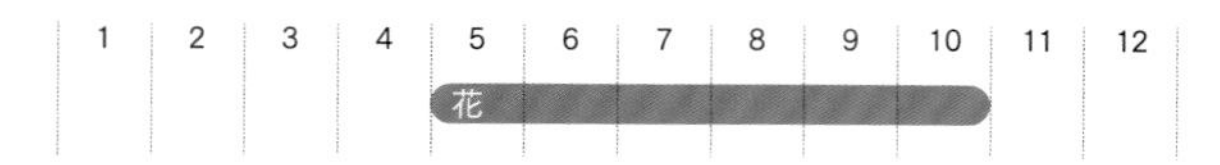

五星花 星团系列‘薰衣草’

Pentas lancedata Star Cluster™ ‘Lavender’

星形的花呈半球状开放，只有一簇也可以长时间观赏。植株很高，加上其独特的星形花瓣，非常引人注目。非常耐热，夏天可以一直开花。黑色的茎秆上开出淡色花朵，更显美丽。与其他花搭配也十分养眼。

●茜草科常绿灌木（可作一年生）
●株高 40~60cm ●冠幅 30~40cm
●向阳 ●普通土壤
●越冬 × ●度夏○ ●使用类型 B2

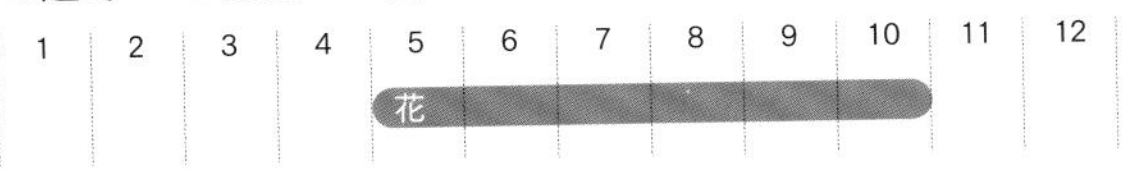

千日红‘奥黛丽’

Gomphren aglobosa ‘Audrey’

夏季耐高温，花开不断。无论是用于初夏时候的替植还是夏秋过渡时的补植，其良好的分枝都可以很好地与周围的草花相融合。几株种植在一起时，其独特的球形花朵会非常引人注目。多处重复种植则能营造出律动感。

●苋科一年生草本
●株高 40~80cm ●冠幅 30~40cm
●向阳 ●普通土壤
●越冬 × 度夏○ ●使用类型 B2

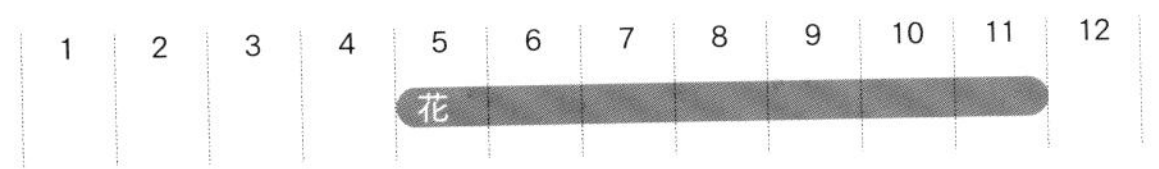

图中品种为奥黛丽「粉色小恶魔」

大戟‘钻石冰霜’

Euphorbia hypericifolia ‘Diamond Frost’

耐夏季高温和干燥，因此从春天到秋天都能观赏。白色的小花（苞片）和分枝性良好的细茎富有体积感，与任何花都极易搭配。在花境中即使只有一株也能提升整体的亮度、增添华丽感。白色的小花与周围各种颜色衔接，起到过渡的作用。长得过于茂盛时可以修剪调整其株型。

●大戟科灌木（可作一年生）
●株高 30~40cm ●冠幅 30~40cm
●向阳 ●普通土壤
●越冬 × 度夏○ ●使用类型 B2

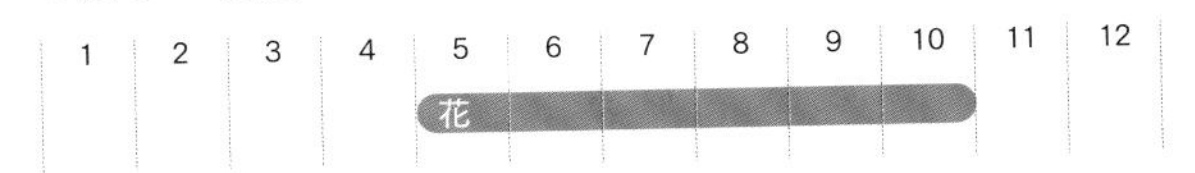

巧克力秋英‘巧克力摩卡’

Cosmos atrosanguineus ‘Chocamocha’

能耐夏季高温，因此从春季到秋季都能观赏。分枝多、开花多，深巧克力色的花朵看上去十分时髦。由于花色较深，易与其他花相搭配，与艳丽的花组合可以营造沉稳的氛围。不仅是颜色，连香味也如同巧克力一般。

●菊科多年生草本
●株高 30~40cm ●冠幅 30~40cm
●向阳 ~ 短日照 ●普通土壤
●越冬△ 度夏○ ●使用类型 B2

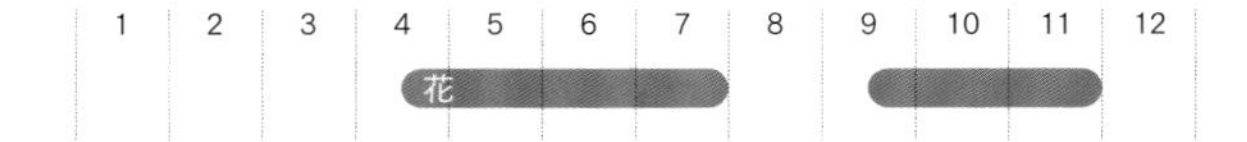

肾茶

Orthosiphon Spicatus

伸长的花蕊好像猫的胡子。黑色的茎与白色的花形成强烈反差，更显得楚楚动人。枝条生长旺盛，十分有体积感。花朵除了白色还有浅紫色。在夏季看着很清爽，也适合与秋天绚丽的花搭配，很是百搭。越冬温度需要在10℃以上。

●唇形科多年生草本（可作一年生）
●株高 40~60cm ●冠幅 40~50cm
●向阳 ●普通土壤
●越冬 × 度夏○ ●使用类型 B

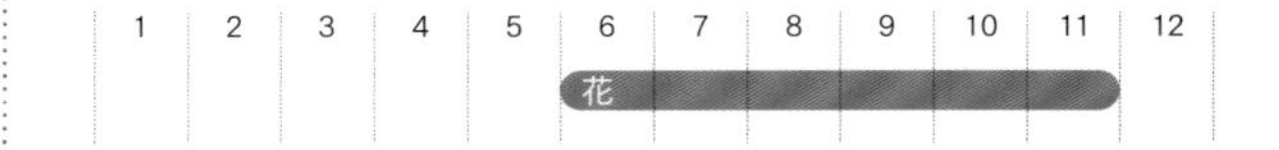

M.Amano

毛剪秋罗

Lychnis coronaria

叶片银色，长有细密茸毛，在开花之前可以作为彩叶植物。花色除了白色也有深粉色。抗倒伏性很好，长高之后也不会东倒西歪。花朵依次开放，所以花期较长，与初夏开放、花期短的花卉一同种植可以延长观赏时间。忌高湿环境，应置于通风良好的地方。花后需要修剪。

●石竹科多年生草本
●株高 60~80cm ●冠幅 40~50cm
●向阳 ●排水性良好土壤 ~ 普通土壤
●越冬 ○ 度夏△ ●使用类型 C

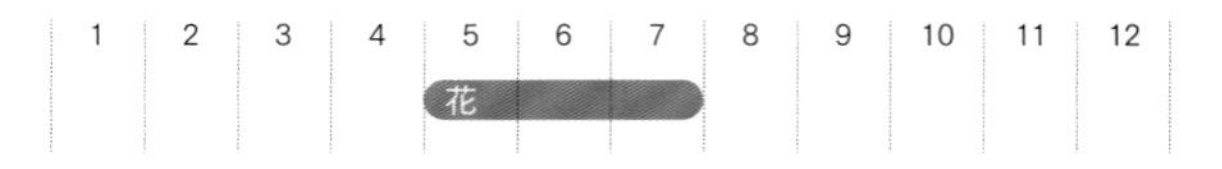

毛剪秋罗在日文里也叫醉仙翁、法兰绒草

欧耧斗菜‘巴洛’

Aquilegia vulgaris var. stellata Barlow Series

重瓣的花瓣尖且细长、花色丰富。在绿叶的衬托下，伸长的花茎使花朵显得更为端庄。尽管花茎会伸得很高，但底下叶片繁茂，不会使茎暴露在外，看上去非常清爽。也可作为前景观叶植物来观赏。避免阳光直射可以度夏，但寿命不长。可通过自播繁殖。

- 毛茛科多年生草本
- 株高 60~80cm ●冠幅 30~45cm
- 向阳～短日照 ●普通土壤
- 越冬○度夏△ ●使用类型 C

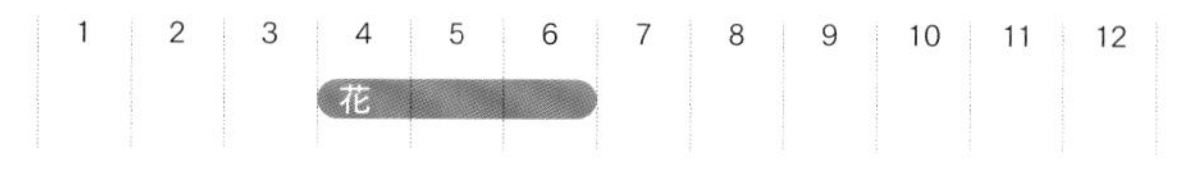

图中品种为‘诺拉·芭洛’

紫叶珍珠菜‘博若莱葡萄酒’

Lysimachia atropurpurea 'Beaujolais'

深酒红色的穗状花十分显眼。叶片呈银灰色，虽不华丽但却有别样的美。初夏的花园大多颜色娇美，种上这个可以立刻使整体氛围沉静下来，增添成熟的美感。运用于前景非常引人注目，可以成为焦点，也能充分观赏到花和叶。需要避免极端干燥的环境。

- 报春花科多年生草本
- 株高 30~50cm ●冠幅 25~35cm
- 向阳～短日照 ●普通土壤
- 越冬○度夏△ ●使用类型 C

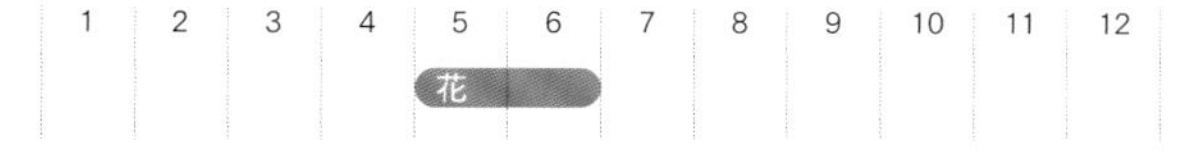

奥莱芹

Orlaya grandiflora (L.)Hoffm.

白花如蕾丝般纤细，富有魅力。细长的锯齿状叶片十分优雅自然。植株大小适中，易于在花园中打理。分枝较多，所以能够不间断地开花。与初夏盛开的草花能完美融合。可通过自播繁殖。春天种下带花的苗，植株会比较紧凑，不会窜得很高。

- 伞形科多年生草本（温暖地区可作一年生）
- 株高 60~100cm ●冠幅 40~50cm
- 向阳 ●普通土壤
- 越冬○ 度夏 × ●使用类型 C

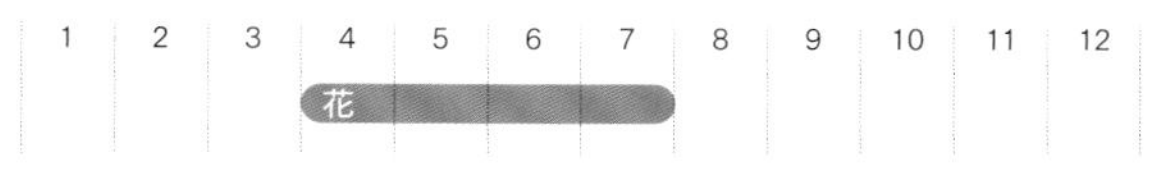

图中为「红色冠军」的重瓣品种

异株蝇子草‘萤火虫’

Silene dioica 'Firefly'

花虽小，但重瓣带来的存在感以及荧光粉的花色让人无法错过。虽然花色耀眼，但是因为大小适中，能很好地与叶片保持平衡而不会显得嘈杂。容易分枝，所以花也很多。高度正好介于高与矮之间，易于平衡整体花境。花后进行修剪，在温暖地区也可以度夏。

●石竹科多年生草本
●株高 50~70cm ●冠幅 40~50cm
●向阳 ●普通土壤
●越冬○ 度夏△ ●使用类型 C

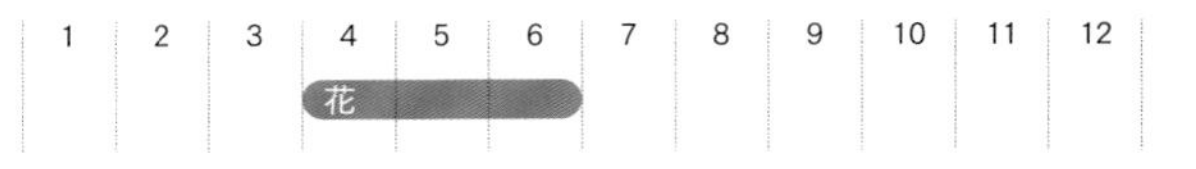

羽扇豆‘皮克希的愉悦’

Lupinus 'Pixie Delight'

从白色粉色到紫色蓝色，蓝色系的柔和色彩是它的魅力所在。与其他富有春天气息、不同形状的花相配更能突出其淡色的特点。这个品种在羽扇豆里属小型花，但是由于分枝多，可以不间断开花。花穗大小恰到好处，即使是狭小的角落也能使其华丽起来。

●豆科多年生草本（温暖地区可作一年生）
●株高 20~40cm ●冠幅 30~40cm
●向阳 ●普通土壤
●越冬○度夏 × ●使用类型 D1

日本茵芋

Skimmia japonica

秋天会结出许多红色果实一般小小的蓓蕾，整个冬天都不太会变化，所以一直都能欣赏。到了初春会从蓓蕾一下子都开成白色的小花，这样突然地转变让人分外期待。叶片常绿且富有光泽。生长较为缓慢，本身的分枝形态良好，所以定植后数年不修剪也没有关系。

- 芸香科常绿灌木
- 株高 50~100cm ●冠幅 40~80cm
- 短日照 ●普通土壤
- 越冬○ 度夏○ ●使用类型 A

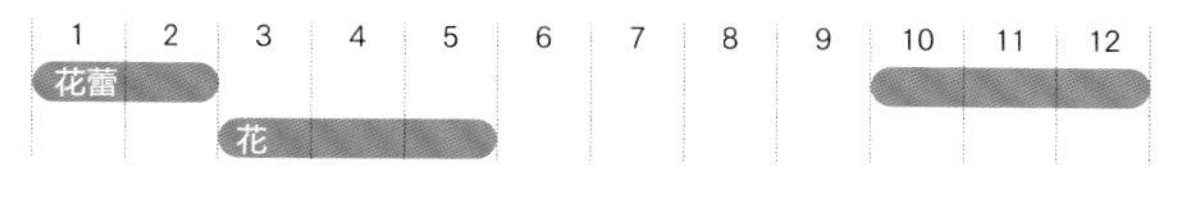

↑冬季时粉色的蓓蕾。早春开放

↑日本茵芋（Skimmia japonica）的一个品种

紫红柳穿鱼

Linaria purpurea

花茎高挑细长，淡色的小花如麦穗般开放，姿态十分独特。株型长大后花会更多。初夏种植在毛地黄等体积大的植物之间能够起到平衡的作用，使花园整体看上去更清爽。茎细且硬，笔直向上生长不易倒伏，所以不会显得凌乱。

- 玄参科多年生草本
- 株高 70~100cm ●冠幅 35~45cm
- 向阳 ●普通土壤
- 越冬○ 度夏△ ●使用类型 C

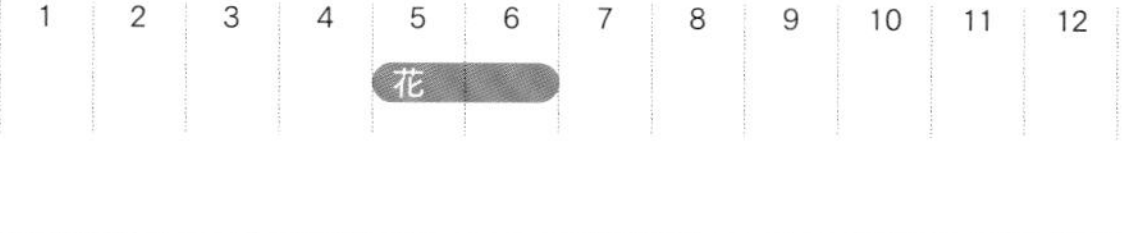

别名为宿根柳穿鱼。图中为紫花品种，另有白色和粉色品种

距缬草

Centranthus ruber var. coccineus

深粉色的伞状小花有一定体积感。从腋芽处不断开出新的花朵，可以长时间观赏。虽然自身并不起眼，但是与其他草花相组合的时候，独特的造型使其脱颖而出。叶片绿且厚。不耐高湿，夏季植株容易受伤，因此在温暖地区适宜作为一年生草本植物种植。

- 败酱科多年生草本
- 株高 70~90cm ●冠幅 35~45cm
- 向阳 ●普通土壤
- 越冬○ 度夏△ ●使用类型 C

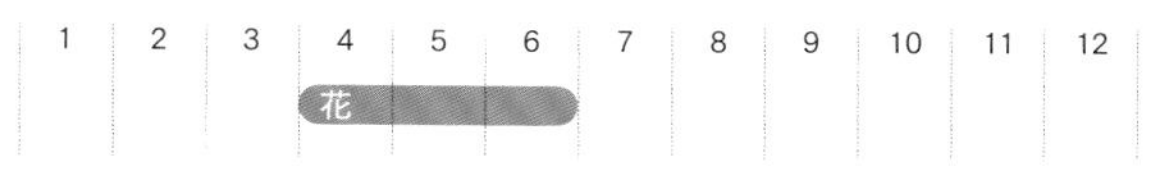

又名红缬草、红鹿子草

重点植物
1

主景植物

毛地黄属

毛地黄的花很有特点，呈筒状紧密地排列在长长的茎上，非常适合作为花境的焦点植物。其不断有独特的新品种问世。

毛地黄的英文“fox's glove”，意思是“狐狸的手套”。花如其名，在高高耸立的茎上，形似手套的筒状花紧密地排列在一起，很有看点。作为初夏花园的标志性植物，非常适合放在主要位置。

因为体积大，很有存在感，同时也富有自然的气息，和其他花也能很好融合。为了能突显毛地黄的个性，可以几株一起种植，在周围搭配与其形状不同的小花。

毛地黄易于打理，秋天种下，使其充分生长，到了次年初夏就能欣赏它壮观的花了。在温暖地区，因为花后不耐高温，较难度夏，所以常作为一年生草本植物种植。能耐半阴，可以适应花园深处或是树荫下的环境。

- 玄参科多年生草本（温暖地区可作一年生）
- 向阳～短日照 ●普通土壤
- 越冬○ 度夏△
- 使用类型 C、A（仅限‘照明之火焰’）

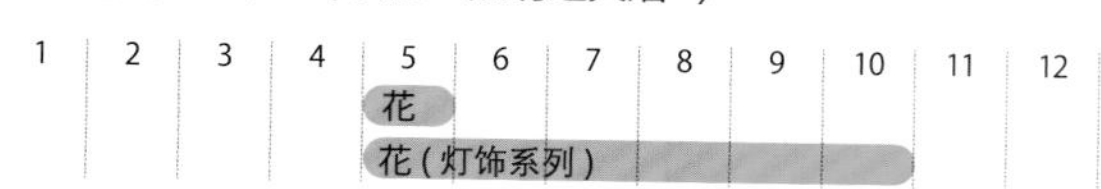

杂交毛地黄‘波尔卡圆点皮帕’

Digitalis hybrida 'Polkadot Pippa'

花朵外侧呈带些褐色的杏色，内侧则是奶油色，内外不同的颜色非常具有个性，惹人喜爱。柔和的花色易于与其他草花搭配。硕大的花一朵接着一朵，长长的花蕊也值得一看。与普通品种相比开花稍晚。因为不会结籽，所以花期较长。

- 株高 80~100cm ●冠幅 40~50cm

毛地黄‘银狐’

Digitalis purpurea 'Silver Fox'

叶片表面覆有细密的茸毛，毛茸茸的银色叶片一直到开花前都能作为彩叶植物观赏。个头略小，白色的花与银色的叶片非常协调。花色柔和，与初夏颜色雅致的花能很好地搭配在一起。也有使花园整体更显明亮的效果。

●株高 60~80cm ●冠幅 35~45cm

毛地黄 斑点狗系列

Digitalis purpurea Damation Series

花期早且矮小紧凑的品种。花朵较大，桃色品种是该系列内唯一一个没有斑点的品种，能够欣赏到其柔和又干净的花色。成长快，不用经历低温也能开花，所以即使在早春种下，到了初夏也能欣赏到花。也适宜在较小的空间或者盆器内种植。

●株高 50~60cm ●冠幅 35~45cm

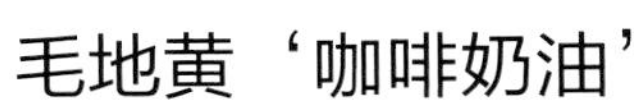

毛地黄‘咖啡奶油’

Digitalis lanata 'Cafe Cream'

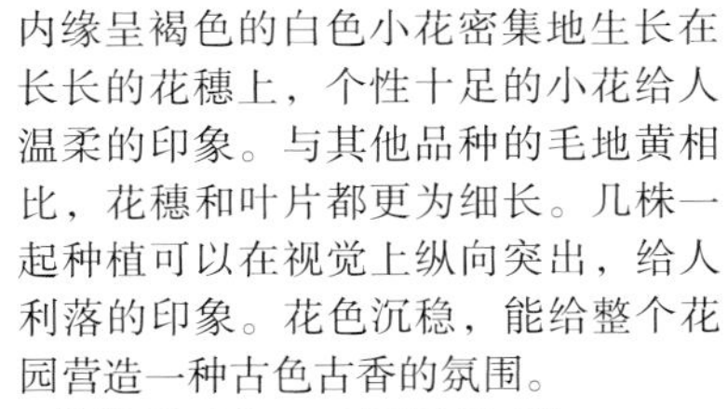

内缘呈褐色的白色小花密集地生长在长长的花穗上，个性十足的小花给人温柔的印象。与其他品种的毛地黄相比，花穗和叶片都更为细长。几株一起种植可以在视觉上纵向突出，给人利落的印象。花色沉稳，能给整个花园营造一种古色古香的氛围。

●株高 60~90cm ●冠幅 40~50cm

毛地黄 灯饰系列‘火焰’

Digitalis isoplexis 'Illumination Flame'

花瓣外侧是鲜艳的粉色，内侧是偏黄的橙色。荧光色的花色与尖尖的花瓣是其特征。‘火焰’是异属杂交的新品种，分枝多，开花多。因为不结籽，所以花期长，可以常绿越冬。

●株高 60~90cm ●冠幅 40~60cm

异属杂交：不同属之间进行杂交。‘火焰’是毛地黄属和其近亲木地黄属杂交所得

重点植物 2

衔接植物

落新妇属

落新妇常能为背阴的花园增添一抹色彩。花色与株型变化丰富，也有叶片颜色夺目的品种。非常适合作为衔接植物来使用。

落新妇是装点背阴花园的代表性植物。独特的花形既有体积感又纤细，给人以柔和的观感，十分合适作为衔接植物使用。锯齿状的叶片也很漂亮，在一众圆叶的植物中十分突出，为花园带来变化之美。

有些品种叶片颜色美丽，在花前花后可以作为彩叶观赏。株高和花形也是各式各样，可以搭配不同的主题和氛围。

在过暗的地方种植会影响花量。需要避开夏季直射光和西晒，放在明亮的地方。需要注意的是，一旦缺水会使叶片皱缩。到了冬天，地面以上的部分会枯萎，所以推荐和常绿植物配合种植。

●虎耳草科多年生草本
●短日照～向阳 ●普通土壤
●越冬○ 度夏○
●使用类型 A

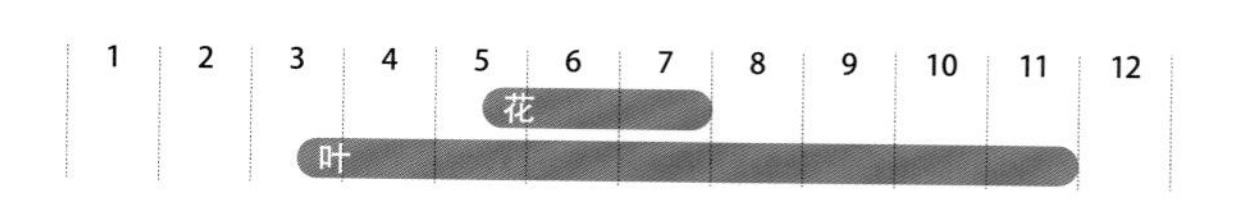

阿兰茨落新妇‘卡布奇诺’

Astilbe×arendsii 'Cappucino'

叶片刚抽芽的时候呈美丽的黄褐色，长成之后绿色会加深。植株整体非常紧凑，花形很有体积感。花与叶色调分明，会压制周围植物的花色。如果以彩叶为主题，会显得更加时髦。
●株高约 60cm ●冠幅约 30cm

M.Amano

阿兰茨落新妇‘闪彩’

Astilbe × arendsii 'Color Flash'

叶片从春天的绿中带红逐渐完全转变为红色的过程十分令人期待。与其他品种相比，开花较晚，花穗多且直立。淡粉色的花与红色的茎之间的反差别有美感。花后也可以作为彩叶欣赏。到了秋天叶片会变为略显橘色的红叶。

●株高 40~50cm ●冠幅约 30cm

Gifu seed

落新妇‘鸵鸟毛’

Astilbe 'Straussenfeder'

株高可达 1m，具有体积感，向下垂吊的花也富有魅力。由于株型较大，可以种在花园靠后的位置。尽管很高大，但因为是锯齿状叶片以及纤细的粉色花，所以并不会给人压迫感，和其他植物能够很好地融合在一起。种植在后方，即使冬天落叶了也不会引人注意。

●株高 80~120cm ●冠幅 30~40cm

Gifu seed

落新妇‘雷电’

Astilbe 'Thunder and Lightning'

金黄色的叶片十分吸引人眼球，在春天出芽的时候颜色最为鲜艳。到了夏季绿色部分增多形成明亮的黄绿色。深粉色的花紧密地排列在一起，强调了纵向的线条，非常鲜明，浓郁的花色相当引人注目。

●株高约 60cm ●冠幅约 33cm

Gifu seed

落新妇‘看着我’

Astilbe chinensis 'Look at me'

淡粉色的花穗富有体积感，与红色的茎形成鲜明对比，而且株型紧凑，即使只有一株也很耐看。由于花色明亮，和带斑点的叶片或金黄色叶片搭配更加突出。与银色或者偏蓝色的叶片相搭配则给人时髦的感觉，与黄褐色叶片搭配会更显沉稳。

●株高 40~50cm ●冠幅约 30cm

彩叶植物

具有美丽叶色的植物，不仅能够作为花境背景，还能衬托花，或者作为点缀色或重点色，对整体起到收拢的效果。

小型羽衣甘蓝

Brassica oleracea var. acephala f. tricolor

颜色和形状多种多样。圆形的叶片宛如月季一样惹人怜爱，看上去十分华丽。耐寒，但当气温变暖会褪色，所以还是在气温下降的时候入手比较好。整个冬季形态不会有什么变化，所以在选购时尽量选择叶片多且形态好的。多株种植在一起的时候，种植距离在相邻两株的叶片正好能碰到的程度会比较好看。

- 十字花科多年生草本（可作一年生）
- 株高 10~20cm ●冠幅 15~25cm
- 向阳 ●普通土壤
- 越冬○ 度夏△ ●使用类型 B1

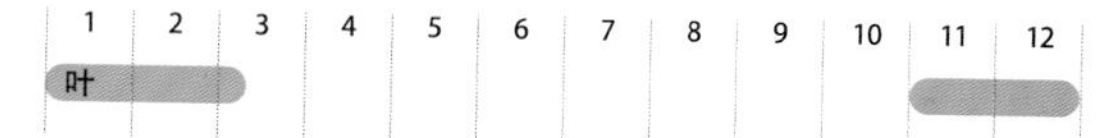

假紫苏

Hemigraphis alternata (Burm. f.) T. Anders.

叶片表面是带有光泽的银灰色，背面是深紫色。时髦的金属光泽非常美丽。随着匍匐茎的延展，会长出大片覆盖地面的叶片，可以充分享受叶片颜色相融合的乐趣。日照越强，叶片颜色就越红。5 至 7 月会开出小小的白花，花期一天。

- 爵床科多年生草本（可作一年生）
- 株高 10~20cm ●冠幅 40~70cm
- 向阳～短日照 ●普通土壤
- 越冬 × 度夏○ ●使用类型 B2

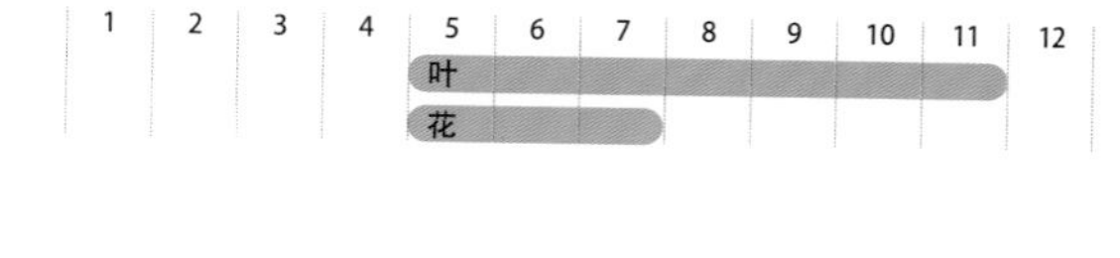

矾根‘黑莓挞’

Heuchera 'Blackberry tarte'

虽然矾根总是给人是在背阴地种植的彩叶植物的印象，但‘黑莓挞’能够耐直射阳光和夏季的炎热。种植环境更多样，一整年都可以观赏。这个品种带有流苏的叶片和叶脉的花纹，看上去很有档次，气温越低，紫色越深。叶片繁茂时整株呈圆顶状，深紫色能鲜明地衬托出后方或者旁侧的花。

- 虎耳草科多年生草本
- 株高 20~40cm ●冠幅 20~40cm
- 向阳 ~ 短日照 ●普通土壤
- 越冬○度夏○●使用类型 A

1	2	3	4	5	6	7	8	9	10	11	12
叶											

←遇冷时上色→早春时叶片的颜色

冬绿金丝桃‘金色光彩’

Hypericumcalycinum'Goldform'

冬绿金丝桃的叶片在春季到秋季半阴时呈柠檬绿，阳光直射时呈黄色，天气变冷后会变为橙色，可以充分享受颜色变化带来的乐趣。株型紧凑，枝条呈放射状伸展。叶片有圆润线条，可以充分欣赏其叶色。对过长的枝条进行修剪可以增加枝条数量。

- 藤黄科常绿灌木
- 株高 30~50cm ●冠幅 30~50cm
- 向阳 ~ 短日照 ●普通土壤
- 越冬○ 度夏○●使用类型 A

1	2	3	4	5	6	7	8	9	10	11	12
叶											

匍匐臭叶木‘匍匐的巧克力’

Coprosma repens 'Chocolaterepens'

带有光泽的古铜色叶片非常美丽。在背阴环境下也能生长，但是经过阳光直射才能获得美丽的叶色，低温下颜色更加鲜艳。虽然常绿能够装点冬季是其优点，但是耐寒性较差，种植在花园里的话要选择避开寒风和霜降的场所。和彩叶或者颜色分明的花相组合更能突显其本色。

- 茜草科常绿灌木
- 株高 25cm ●冠幅 30~50cm
- 向阳 ~ 短日照 ●普通土壤
- 越冬△ 度夏○●使用类型 A

1	2	3	4	5	6	7	8	9	10	11	12
叶											

腰部高度

褐果薹草‘詹尼克’

Care×brunnea 'Jenneke'

绿色的叶片中间是明亮的黄色条纹，叶片细长给人轻快的感觉。特征是草类才具有的呈紧密放射状展开的叶片。与任何草花都能搭配，能为花境增添一分体积感和动感。因为常绿，所以适合种植在希望常年能够看到绿色的地方。生长较缓，狭窄的场所也能种植，且容易管理。

●莎草科多年生草本
●株高 15~30cm ●冠幅 25~35cm
●向阳~短日照 ●普通土壤
●越冬○度夏○ ●使用类型 A

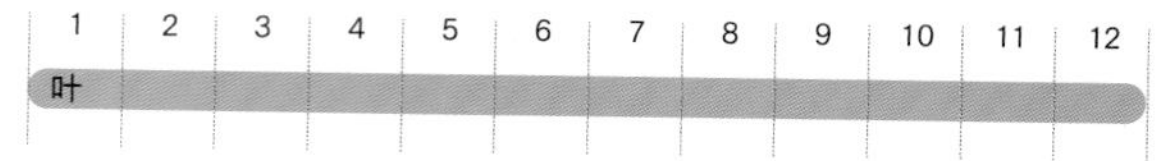

长叶木藜芦‘彩妆’

Leucothoe fontanesiana 'Makijaz'

与以往的品种相比，斑纹更为明显，日晒不容易灼伤。叶片富有光泽，遇寒颜色变红，斑纹则变为粉红色。尽管株型紧凑，但枝条呈放射状延展，有体积感。在直射到半遮阴的环境下都能成长，但是环境越明亮越能显出美丽的颜色。叶片形状分明，和日式、欧式花园都很相配。到了春天会开出类似铃兰的小白花。

●杜鹃花科常绿灌木
●株高 30~50cm ●冠幅 50~70cm
●向阳~短日照 ●普通土壤
●越冬○度夏○ ●使用类型 A

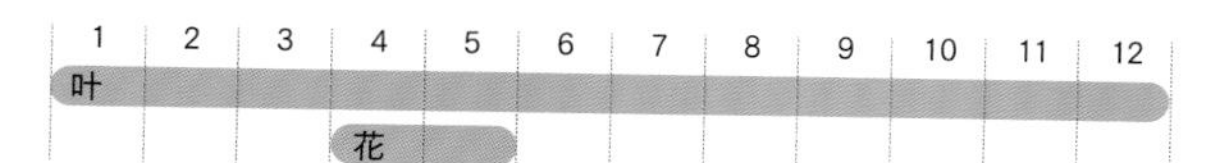

又被称作德方丹木藜芦「彩妆」

↑遇冷时叶片变红→春季到秋季的状态

宽萼苏

Ballota pseudodictamnus

叶片被细密的茸毛包裹，质感十分柔软。由于叶片小，容易和其他植物组合，并且因为是直立生长，能迅速融入周围环境。春天到初夏会开出淡粉色的小花。初夏茎长长后株型会变凌乱，需要进行修剪和调整。叶片还带有甜甜的香气。

●唇形科多年生草本
●株高 15~50cm ●冠幅 25~40cm
●向阳 ●普通土壤
●越冬○度夏○ ●使用类型 A

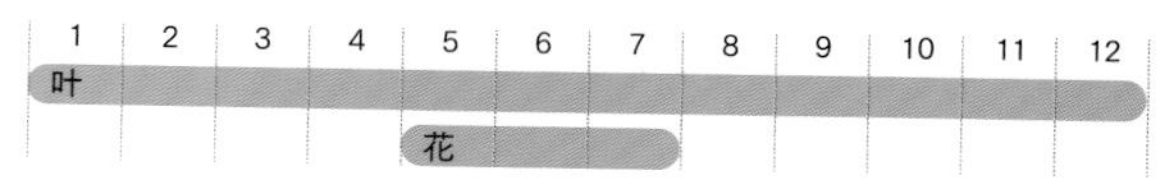

也被称作百罗塔

银旋花

Convolvulus cneorum

银色的叶片富有金属感的光泽。在阳光的反射下格外美丽，细密的叶片直立的姿态给人干练的印象。茂密时植株型呈圆顶形，从春天到初夏会开出直径 5cm 的圆形花朵，与叶片形成对比，非常好看。花会在晚上合拢。常绿的特性使人可以整年欣赏其叶片，开花后以及株型凌乱时要适当进行修剪。

●旋花科常绿灌木
●株高 40~70cm ●冠幅 30~50cm
●向阳 ●普通土壤
●越冬○ 度夏○ ●使用类型 A

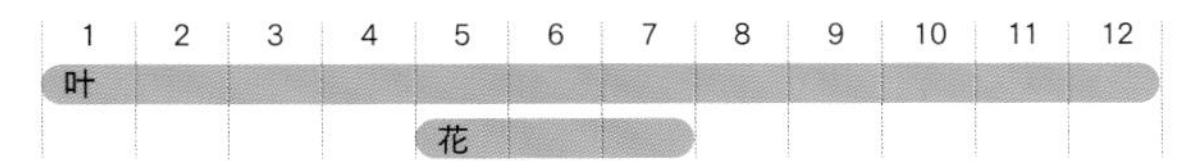

岷江蓝雪花‘沙漠天空’

Ceratostigma willmottianum 'Desert Skies'

叶片从春天抽芽到晚秋一直是美丽的柠檬黄色。初夏到秋天会开出蓝色的小花，与叶片形成鲜明对比。纤细的枝条呈放射状延展，较为蓬松，种植在花园中部到后部可以起到树木和草花之间的过渡作用。初夏之后枝条生长旺盛，可以进行适当修剪。冬季落叶。

●白花丹科落叶灌木
●株高 30~60cm ●冠幅 40~60cm
●向阳 ●普通土壤
●越冬○ 度夏○ ●使用类型 A

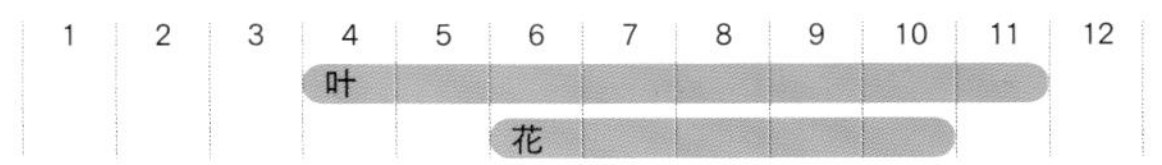

藿香‘金色庆典’

Agastache rugosa 'Golden Jubilee'

薰衣草色的花与金黄色叶片形成强烈对比，引人注目。从抽芽到落叶前都能欣赏其美丽的叶片，特别是春天抽芽的时候。长大之后会变得很高，通过多次修剪使其株型紧凑。秋天会再度开花。叶片有股略甜的香辛料的味道。冬天地上的部分会枯萎。背阴环境也能生长，但是全日照环境下黄色更加鲜亮。

●唇形科多年生草本
●株高 40~90cm ●冠幅 30~50cm
●向阳 ~ 短日照 ●普通土壤
●越冬○ 度夏○ ●使用类型 A

也被称作斑叶大花新风轮草

大花新风轮菜‘杂色’

Calamintha grandiflora 'Variegata'

叶片细小分散的斑块非常美丽，有类似薄荷的香味。从初夏到盛夏会开出粉色的花，十分可爱。能抵御严寒和酷暑。冬天地面以上的部分会枯萎。小小的花和叶片很有自然的气息，容易与其他花搭配。可以使整体看上去明亮和清爽。

- 唇形科多年生
- 株高 20~40cm ●冠幅 20~30cm
- 向阳 ●普通土壤
- 越冬○ 度夏○ ●使用类型 A

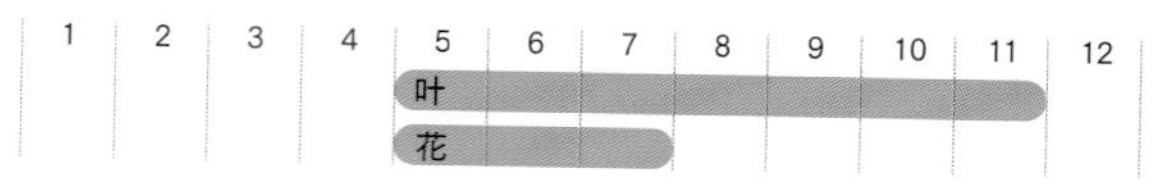

亚麻叶糖芥‘科茨沃尔德的宝石’

Erysimum linifolium 'Cotswold Gem'

在开花之前可以欣赏其带有亮奶油色条纹的常绿叶片。花在刚开的时候呈橙色，渐渐向紫色转变。因为花呈伞形开放，所以一株上能同时看到不同的花色交相辉映。老了之后底部开始木质化，底部的叶片也开始枯萎，本身寿命较短，建议定期进行扦插。

- 十字花科多年生草本
- 株高 50~70cm ●冠幅 25~35cm
- 向阳 ●普通土壤
- 越冬○度夏△●使用类型 B1

1 2 3 4 5 6 7 8 9 10 11 12
叶
花

在日本又称为香味紫罗兰，英文名为 Wall flower

穗花婆婆纳‘格蕾丝’

Veronica spicata 'Grace'

进入冬天，随着气温下降，叶片会变成巧克力色并且带有光泽，非常好看。到了春天叶片会变回绿色。在初夏以及秋天，蓝色的圆锥形花穗与叶片相映成趣。株型不容易乱，能够繁茂地直立向上生长。秋天成片种植非常有体积感。

- 玄参科多年生草本
- 株高 20~40cm ●冠幅 25~35cm
- 向阳 ●普通土壤
- 越冬○ 度夏△～× ●使用类型 B1

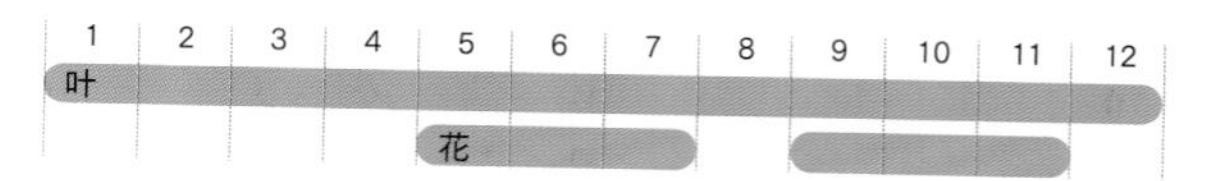

银叶菊又被称作「Dusty miller」

银叶菊‘天狼星’

Senecio cineraria 'Sirius'

银色的叶片覆盖着细密的茸毛，毛茸茸的样子非常吸引人。锯齿状的圆形叶片颜色和质感都很具观赏性。可以提升花境整体的明亮度，与前景的小花相组合时，大大的叶片能衬托出花。初夏时开花，株型会变得不整齐，建议作一年生。

- 菊科多年生草本
- 株高 15~50cm ●冠幅 25~35cm
- 向阳 ●普通土壤
- 越冬○度夏△●使用类型 B1

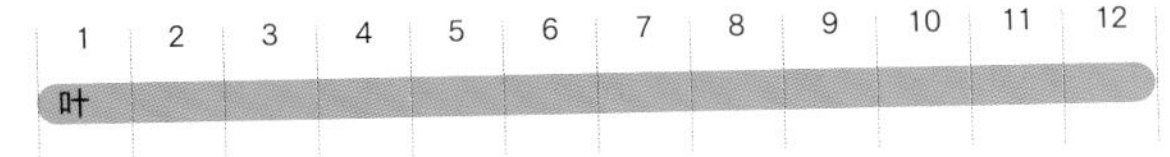

金鱼草‘铜龙’

Antirrhinum majus 'Bronze Dragon'

深铜色的叶片与白紫相间的花朵形成美丽的碰撞。秋天种下的话植株会很健壮，到了春天茎叶会很茂盛。直立向上的姿态亭亭玉立，尽管冬天不开花，也可以作为常绿的植物观赏。和明亮鲜艳的花一同种植可以起到中和作用，使整体看上去更为沉稳。

- 玄参科多年生草本（可作一年生）
- 株高 20~40cm ●冠幅 25~35cm
- 向阳 ●普通土壤
- 越冬○ 度夏△ ~ × ●使用类型 B1

辣椒‘紫色闪电’

Capsicum annuum 'Purple Flash'

观赏性辣椒，叶片深紫色且带有白斑。植株横向生长，分枝多，株型紧凑。不易杂乱，能轻松与周围环境相融合。结出的果实也是深紫色的，圆润小巧。因为叶片颜色较深，和颜色明亮的彩叶或花搭配可以起到中和作用。耐炎热，只是注意不要断水，强健易种植。

- 茄科多年生草本（可作一年生）
- 株高 30~40cm ●冠幅 30~40cm
- 向阳 ●普通土壤
- 越冬 × 度夏○ ●使用类型 B2

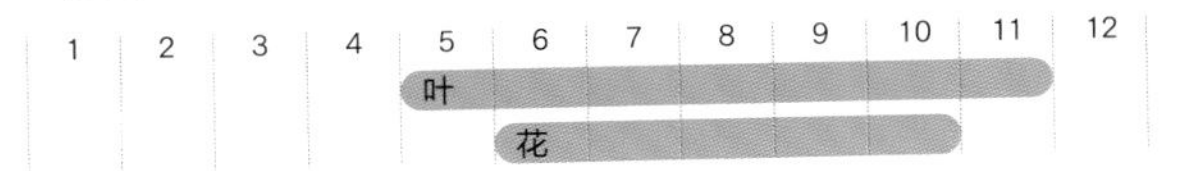

毛地黄钓钟柳‘胡思科红’

Penstemon digitalis ‘Huskers Red’

秋天定植之后，带有些许黑色的叶片可以作为彩叶欣赏。初夏会开出淡粉色的花，与叶片形成鲜明对比。耐炎热，所以在温暖地区也易于种植。开花之后植株会增高，富有体积感的茎叶可以起到收拢整体的效果。开出的小花也能与周围的草花相处融洽，如果与前景的浅色花搭配，可以起到相互衬托的作用。

- 玄参科多年草本
- 株高 70~100cm ●冠幅 40~50cm
- 向阳 ●普通土壤
- 越冬○ 度夏○ ●使用类型 A

1 2 3 4 5 6 7 8 9 10 11 12

叶

花

银香科科

Teucrium fluticans

哑光质感的银色叶片，和初夏开放的淡紫色花朵都很美丽。常绿，强健，易于打理。枝条生长迅速，要勤于修剪。耐强剪，修剪精细的话可以控制在 50cm 高。植株还小的时候定期进行修剪可以增加枝条数量，使其变得更加茂密。

- 香科科属常绿灌木
- 株高 20~100cm ●冠幅 50~80cm
- 向阳 ●普通土壤
- 越冬○ 度夏○ ●使用类型 A

1 2 3 4 5 6 7 8 9 10 11 12

叶

花

M.Amano

↓初夏时盛开的花

NP-T.Maki

小蜡‘柠檬 & 莱姆’

Ligustrum sinense ‘Lemon & Lime’

细细的柠檬绿色叶片有着明亮的黄色镶边。春天的新芽颜色会更加鲜艳夺目。植株强健，生长旺盛，出芽能力强，生长过长时要及时修剪。可强剪，可作为树篱使用。在向阳的地方叶片会更加显色。在寒冷地区则为半常绿。叶片和枝条都纤细而茂盛，可以给整体增添柔软的印象。

- 木樨科常绿灌木
- 株高 100~200cm ●冠幅 40~100cm
- 向阳 ~ 短日照 ●普通土壤
- 越冬○ 度夏○●使用类型 A

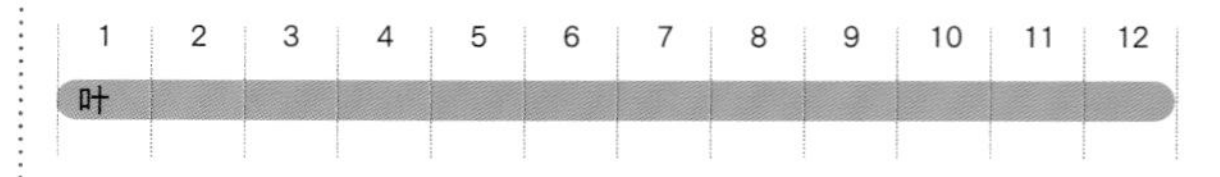

朱蕉‘红星’

Cordyline australis 'Red Star'

细长的古铜色叶片呈放射状散开。种在茂密的草花后方可以起到收拢视线，突显重点的效果。随着岁数的增长，枝干会越长越高。遇到强冷空气时会枯萎。坚毅的线条有种现代感。

- 龙舌兰科常绿灌木
- 株高 50~200cm ●冠幅 50~70cm
- 向阳 ~ 短日照 ●普通土壤
- 越冬○ ~ △ 度夏○ ●使用类型 A

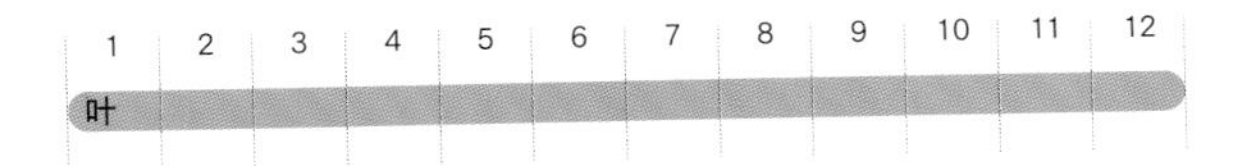

←冬季着上红色 → 春天开花的状态

大花六道木‘万花筒’

Abelia×grandiflora 'Kaleidoscope'

叶片上的斑块在春天是亮黄色，夏天变为金黄色，到了晚秋成了橙色，冬天则为红色。该品种的生长较其他品种更为缓慢，但株型紧凑，叶片大且富有光泽。因其常绿的特性，适合种在希望常年看见绿色的地方。耐强修剪，发芽多，因此从春天一直到秋天必须持续修剪才能保持紧凑的株型。

- 忍冬科常绿灌木
- 株高 40~60cm ●冠幅 40~60cm
- 向阳 ~ 短日照 ●普通土壤
- 越冬○ 度夏○ ●使用类型 A

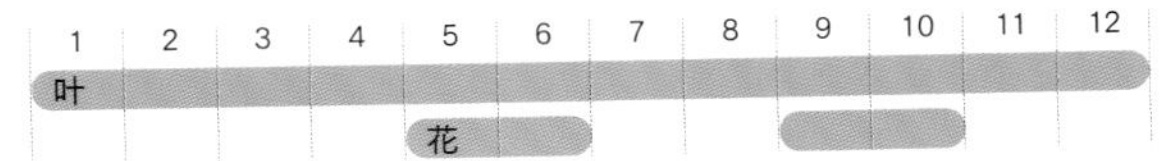

马丁大戟‘阿斯科特彩虹’

Euphorbia martini 'Ascot Rainbow'

叶片上带有黄色的斑点。在春天发芽的时候略带红色，之后变成柠檬黄色，冬天则完全变为红色。春天花开不断。属于相对强健紧凑的品种，整体造型也不错，富有个性的花与叶可以用于塑造令人印象深刻的场景。由于四季常绿的特性，全年可以观赏。

- 大戟科常绿灌木
- 株高 60~80cm ●冠幅 30~50cm
- 向阳 ●普通土壤
- 越冬○ 度夏○ ●使用类型 A

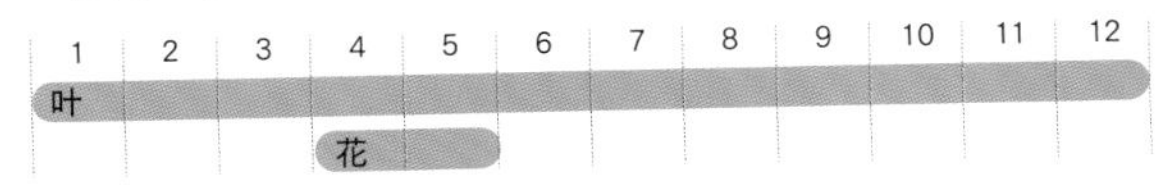

←春天时开的花

亮叶忍冬‘红色碎片’

Lonicera nitida 'Red Chip'

古铜色的新芽和绿色的叶片形成鲜明的对比。枝条茂密呈放射状，尖端细细密密地长着细小且富有光泽的叶片。生长迅速且枝条容易伸展，所以需要仔细修剪。耐强剪，修得比较矮的话也可以用作地被植物。

- 忍冬科常绿灌木
- 株高 50~80cm ●冠幅 50~80cm
- 向阳 ~ 短日照 ●普通土壤
- 越冬○ 度夏○ ●使用类型 A

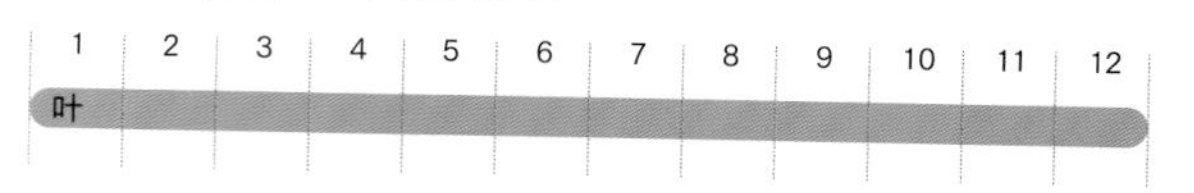

蓝花莸‘夏日果冻’

Caryopteris×clandonensis 'Summer Sorbet'

叶片上带有柠檬绿的斑点，看上去十分明亮。从初夏到秋天会开出一层层浅紫色的花，与叶片形成鲜明的对比。强健易于种植，冬季落叶，所以和常绿植物一同种植才不会使冬天的花园显得孤寂。初春进行修剪，春天之后株型会变得紧凑。

- 马鞭草科落叶灌木
- 株高 20~90cm ●冠幅 30~40cm
- 向阳 ●普通土壤
- 越冬○ 度夏○ ●使用类型 A

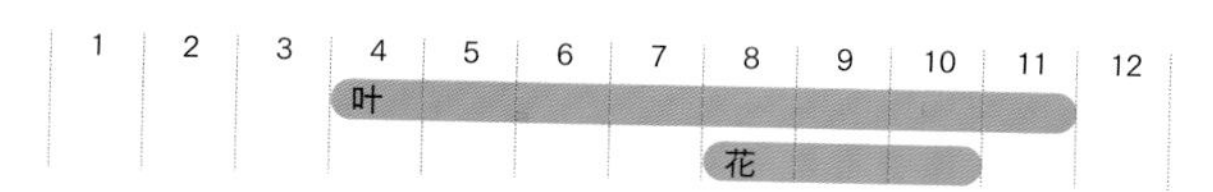

紫茎泽兰‘巧克力’

Ageratina altissima 'Chocolate'

从春季到晚秋可以欣赏其美丽的古铜色叶片，秋季开出白花后两者相映成趣。在花园中种植的话，第二年会长到 1m 以上。所以在夏天前进行修剪可以使株型紧凑不易倒伏。冬天将地上枯萎的部分从根部剪除，旧叶与新芽就不会混杂在一起，第二年春天可以呈现出完美的形态。

- 菊科多年生草本
- 株高 20~100cm ●冠幅 30~40cm
- 向阳 ~ 短日照 ●普通土壤
- 越冬○ 度夏○ ●使用类型 A

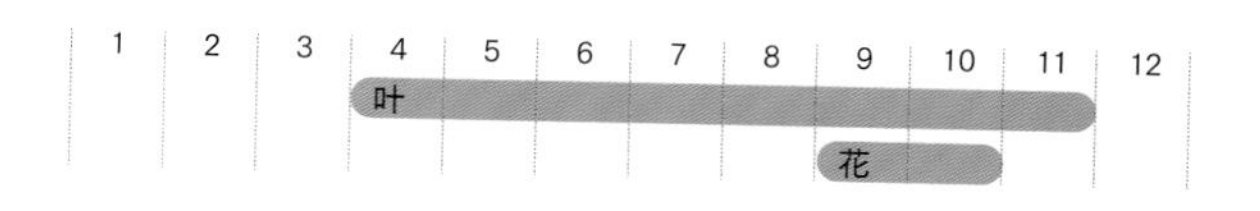

金叶风箱果‘小恶魔’

Physocarpus opulifolius 'Little Devil'

比一般品种的“恶魔”更为紧凑。美丽的古铜色叶片也更小，叶片茂密而繁盛。初夏时分，枝条的节点上会开出淡粉色的球状小花，花虽小却很吸引人。叶片的颜色到了夏天也不会改变，可以一直观赏。纤细的叶片和枝条容易与草花搭配，古铜色的叶片也不会显得暗沉。也可以作为高大树木与草花之间的过渡植物使用。冬季落叶。

- 蔷薇科落叶灌木
- 株高 100cm ●冠幅 80cm
- 向阳 ●普通土壤
- 越冬○ 度夏○ ●使用类型 A

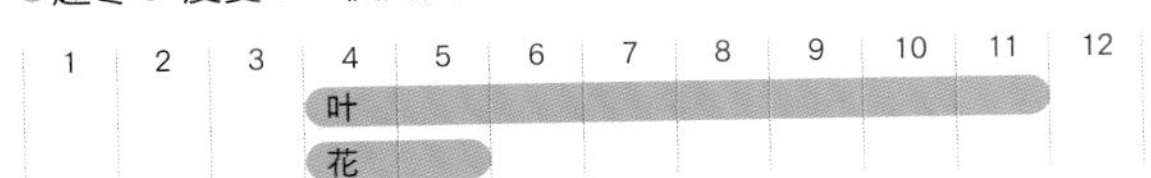

狼尾草‘烟火’

Pennisetum setaceum 'Fireworks'

偏红的古铜色叶片上有着鲜艳的粉色条纹。从夏末开始红色的花穗逐渐高大，富有体积感。在初夏种植的话，长大后伸长的花穗增加了可看性。日照不够会使叶片颜色变得暗淡。株型高大，细长的叶片和花穗随风摆动时会给人一丝清凉的感觉。

- 禾本科多年生草本
- 株高 30~80cm ●冠幅 40~60cm
- 向阳 ●普通土壤
- 越冬 × 度夏○ ●使用类型 B2

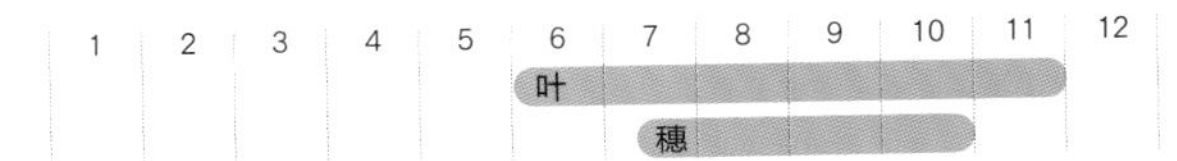

彩叶草‘玛蒂’

Plectranthus scutellarioides 'Martie'

生长旺盛的非播种繁殖的彩叶草。因其不易开花，株型也不容易散乱，因此能轻易地保持具有体积感的造型。叶片由明亮的荧光黄色向粉色过渡，十分吸引人眼球。与各种草花都很相配，也能突显前景的小花。在株型还小的时候反复摘心可以增加枝条和叶片数量，使其形态更美。

- 唇形科多年生草本（可作一年生）
- 株高 30~70cm ●冠幅 40~60cm
- 向阳～短日照 ●普通土壤
- 越冬 × 度夏○ ●使用类型 B2

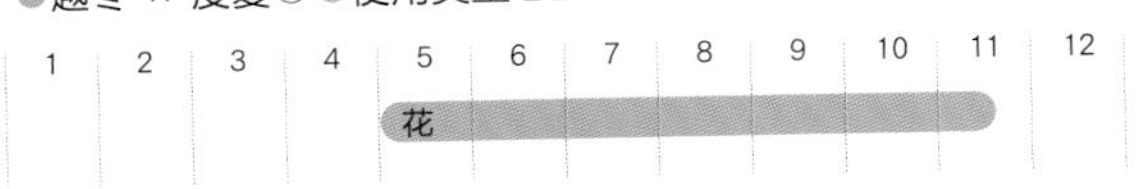

地被植物

本书将株型低矮、能够覆盖地面的植物称为地被植物。种在花境的最前端可以突显其他花草的美丽，也能使花境全体更加鲜明。

临时救‘午夜阳光’

Lysimachia congestiflora 'Midnight Sun'

美丽的铜色叶片向四周延展，覆盖住地面。耐热耐寒，生长迅速，所以在生长过度时要进行修剪。初夏满开的黄色花朵与叶片形成鲜明对比。叶片全年都能保持铜色，能突显种在其后方的花草，并使花境整体看起来清爽整洁。种植在抬高式花坛中可以观赏其垂吊的形态。

- 报春花科多年生草本
- 株高 5~10cm ●冠幅 40~60cm
- 向阳 ~ 短日照 ●普通土壤 ~ 保湿土壤
- 越冬○ 度夏○ ●使用类型 A

	1	2	3	4	5	6	7	8	9	10	11	12
叶	●	●	●	●	●	●	●	●	●	●	●	●
花					●	●						

NP-T.Maki

←初夏开出黄色的花

宽叶百里香‘福克斯莱’

Thymus Pulegioides 'Foxley'

即使在百里香里也属于极其美丽的斑叶品种。贴近地面横向生长，与其他品种相比，生长速度较慢。初夏会开出淡粉色的花。春天发芽以及冬天寒冷的时候，白色斑纹的部分会微微显出粉色。植株生长过于密集后容易闷热，所以要在花后修剪，保持通风良好，使其能够更容易度夏。叶片带有清香。

- 唇形科常绿灌木
- 株高 15~20cm ●冠幅 25~35cm
- 向阳 ●普通土壤
- 越冬○ 度夏○ ●使用类型 A

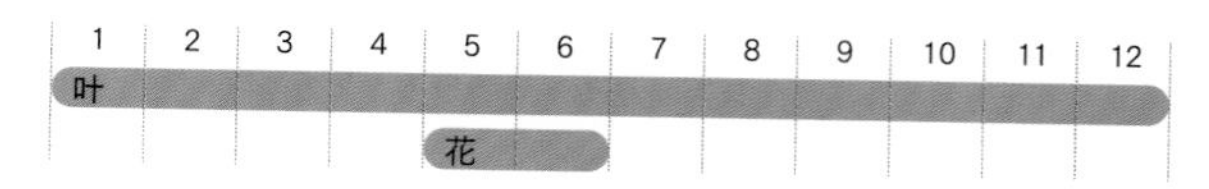

NP-Y.Itoh

←别名婆婆纳「牛津蓝」

婆婆纳‘乔治蓝’

Veronica umbrosa ‘Georgia Blue’

柔软的茎叶松散地延展开，到了春天会开出一片天蓝色的小花。花后进行修剪整形，使枝条数量增加，会让其在整个夏天到秋天期间生长茂盛。夏天放置在避免阳光直射的地方更易于度夏。到了冬天，叶片会变为古铜色。壮实的植株到了春天会萌发大量新芽，开花时会非常壮观。

- 玄参科多年生草本
- 株高 10~20cm ● 冠幅 20~40cm
- 向阳 ~ 短日照 ● 普通土壤
- 越冬○ 度夏○ ● 使用类型 A

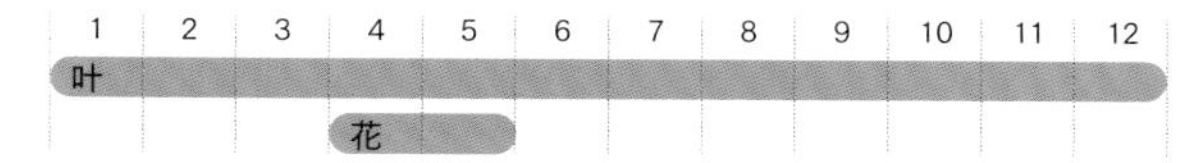

→壮观的垂枝效果

↓春天到初夏开的花

小蔓长春花‘灯饰’

Vinca minor‘Illumination’

金黄色的内缘斑纹非常好看。枝条可以伸展得很长，细小的叶片层层叠叠，适合种植在抬高式花坛上欣赏其垂吊的姿态。春天新芽从根部冒出来，可将旧叶从根部剪除。从春天到初夏会开出淡紫色的花，与叶片形成鲜明的对比。

- 夹竹桃科多年生草本
- 株高 5~10cm ● 冠幅 30~80cm
- 向阳 ~ 短日照 ● 普通土壤
- 越冬○ 度夏○ ● 使用类型 A

1 2 3 4 5 6 7 8 9 10 11 12

叶

花

花野芝麻

Lamiastrum aleobdolon

叶片绿中带有些许银色，与春天到初夏盛开的黄色花朵相映成趣。匍匐茎生长旺盛，茎上的节点与地面接触会长出根，之后很快蔓延开。如果生长过快要及时修剪。虽然耐阴，但是过于阴暗会导致开花不良。夏季应避免阳光直射。

- 唇形科多年生草本
- 株高 10~30cm ● 冠幅 40~70cm
- 短日照 ● 普通土壤
- 越冬○ 度夏○ ● 使用类型 A

1 2 3 4 5 6 7 8 9 10 11 12

叶

花

NP-T.Maki

匍茎通泉草

Mazus miquelii Makino f. albiflorus

茎贴着地面生长，小小的亮绿色叶片像地毯般茂盛生长。因为茎叶细小，所以能够很好地填满缝隙，耐踩踏，也可以种在乱石之类的缝隙处。容易开花，春天常能看到白色的小花开成一片。半阴状态下也能生长，但向阳环境有益于开花。注意避免极度干燥。

●玄参科多年生草本
●株高 10~15cm ●冠幅 30~50cm
●向阳 ~ 短日照 ●普通土壤 ~ 保湿土壤
●越冬○ 度夏○ ●使用类型 A

	1	2	3	4	5	6	7	8	9	10	11	12
叶	●	●	●	●	●	●	●	●	●	●	●	●
花				●	●							

高加索南芥‘花叶’

Arabis caucasica 'Variegata'

奶油色的外侧斑纹在冬季寒冷的时候会略带粉色，再加上其圆圆的勺状叶片，更加惹人喜爱。植株覆盖着地面延展，叶片茂盛。春天到初夏会抽出花茎，开出白色的小花，花朵看上去如同漂浮在空中。夏季要注意不要过于潮湿，避免阳光直射会比较容易度夏。

●十字花科多年生草本
●株高 10~20cm ●冠幅 15~25cm
●向阳 ~ 短日照 ●普通土壤
●越冬○ 度夏△ ●使用类型 A

M.Amano

加拿大堇菜

Viola labradorica

叶片常绿，颜色较深，淡紫色的花盛开时更显品味。除了在严寒中容易休眠，从秋天到第二年初夏都能不断开花。基本是横向生长，高度不太会有变化。在堇菜科中也算耐热性较强的，但是初夏时放置在半遮阳的地方会比较容易度夏。

●堇菜科多年生草本
●株高 10~20cm ●冠幅 20~25cm
●向阳 ~ 短日照 ●普通土壤
●越冬○ 度夏△ ●使用类型 A

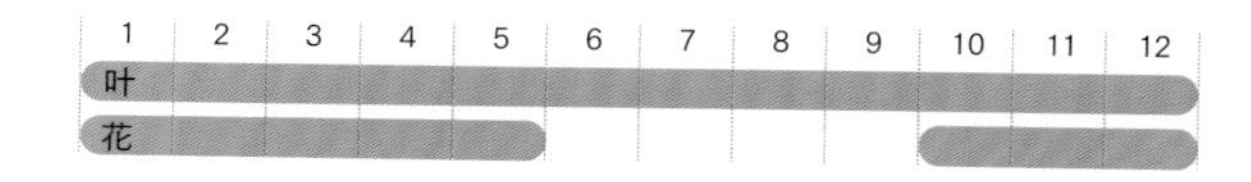

M.Amano

也有紫加拿大堇菜、宿根堇‘紫式部’等别名

M.Amano

也被叫作金色茅莓

茅莓‘阳光普照’

Rubus parvifolius 'Sunshine Spreader'

和悬钩子属是亲戚，圆形柠檬黄色的叶片非常有魅力。枝条贴着地面延伸。非常强健，在贫瘠的土壤中也能生长。生长旺盛，延伸过快时需要修剪。即使气温上升，叶片也不会褪色，春天冒出的新芽则更加鲜艳。初夏枝头会开粉色的花，盛夏时结出红色的果子。枝条上有着细小的刺。

- 蔷薇科落叶灌木（半蔓性）
- 株高 20~30cm ●冠幅 40~200cm
- 向阳 ●普通土壤
- 越冬○ 度夏○ ●使用类型 A

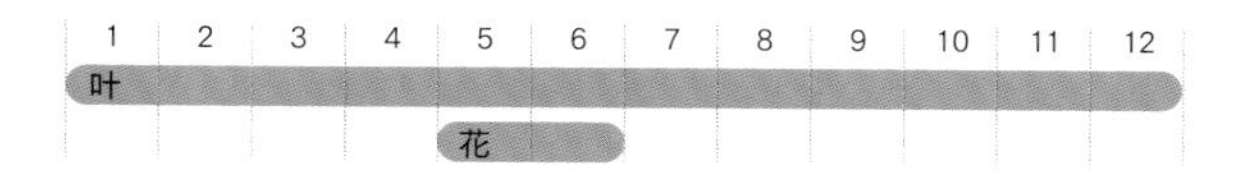

M.Amano

绢毛马蹄金

Dichondra sericea

带有光泽的圆形银色叶片非常有特点。与市面上常见到的品种‘银瀑’相比，它的生长更为缓慢。枝条几乎不下垂，茎叶茂密而紧凑。能够很好地覆盖住地面生长，所以适合填补细小的空隙。耐寒性好，可以室外越冬。在向阳处叶片颜色会更加好看。

- 旋花科多年生草本
- 株高 5~10cm ●冠幅 25~30cm
- 向阳 ●普通土壤
- 越冬○ 度夏○ ●使用类型 A

1	2	3	4	5	6	7	8	9	10	11	12
叶											

杂交香雪球‘冰霜骑士’

Lobularia hybrid 'Frosty Knight'

非播种繁殖的香雪球。奶油色的外缘条纹细长清晰，给人一种明亮的感觉。单株就可以长很大，因此种在高于地面的花坛里可以欣赏其垂吊的姿态。耐热耐寒，经过一年生长的叶片也很美丽。除了冬季最寒冷的时候以外四季常开花。

- 十字花科多年生草本
- 株高 20~30cm ●冠幅 40~50cm
- 向阳 ●普通土壤
- 越冬○ 度夏○ ●使用类型 A

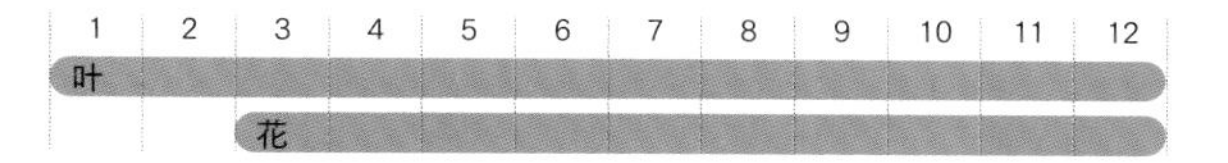

NP-M.Tanaka

别名‘Lippin’

姬岩垂草

Phyla canescens

长满细长小巧叶片的茎紧贴着地面伸展，上面的每个节点接触到地面都会生根，好像一片绿色的地毯。因为根扎得深所以不怕踩踏。四季都能欣赏它直径约 1.5cm 的成片球状小花，花色呈粉色或者白色。由于生长旺盛，可以用来对付杂草，但若入侵了周围的植物就要连根拔起。

●马鞭草科多年生草本
●株高 5~10cm ●冠幅 30~50cm
●向阳 ●普通土壤
●越冬○ 度夏○ ●使用类型 A

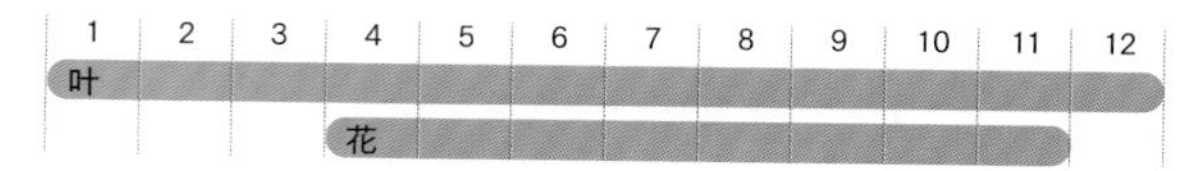

伞花蜡菊‘银叶’

Helichrysum petiolatum 'Silver'

茎和叶上都密布茸毛，叶片小而圆，毛茸茸的很有特点。茎能长得很长并覆盖住地面。喜干燥，过于闷热会造成落叶，所以要注意避免过湿。生长过于旺盛时要进行修剪。初夏会开花，但不显眼，且株型凌乱，所以还是尽早修剪为好。

●菊科多年生草本
●株高 10~30cm ●冠幅 30~50cm
●向阳 ●普通土壤 ~ 易干土壤
●越冬○度夏○ ●使用类型 A

1 2 3 4 5 6 7 8 9 10 11 12
叶

←初夏时开的花

马蹄金

Dichondra micrantha

小小圆圆的叶片紧密地生长在一起，匍匐茎呈地毯式不断延伸。通过种子来传播，基本 10g 种子就可以覆盖 $1m^2$ 的地面。每年的五月中旬到七月中旬适宜播种。通过播种，踏步石的缝隙、窄小的空间都可以覆盖，能营造自然的氛围。在草坪难以生长的背阴处它可以大展拳脚。

●旋花科多年生草本
●株高 3~5cm ●冠幅 25~50cm
●向阳 ~ 短日照 ●普通土壤
●越冬○ 度夏○ ●使用类型 A

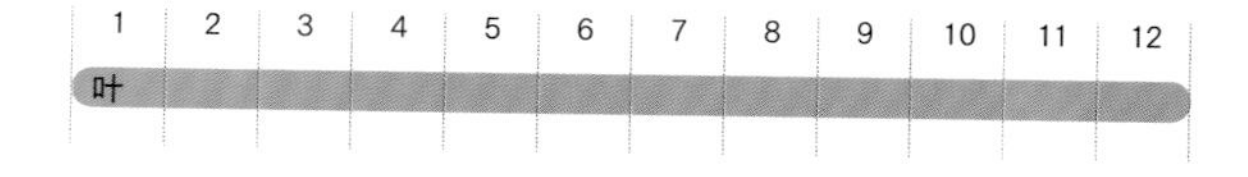

水芹‘火烈鸟’

Oenanthe javanica 'Flamingo'

粉色的斑纹非常漂亮。温度越低粉色越鲜艳，而温度升高后会变成奶油色。生长旺盛，通过匍匐茎的伸展向四周蔓延。生长过盛时要连根拔起。初夏会开出白色的小花。但花期的植株会变高，所以需要适当修剪保持株型的紧凑。以半常绿到落叶的状态过冬。

- 伞形科多年生草本
- 株高 20~30cm ●冠幅 40~80cm
- 向阳 ~ 短日照 ●普通土壤
- 越冬○ 度夏○ ●使用类型 A

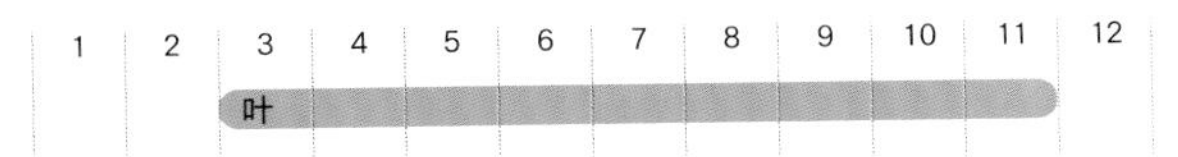

别名「姬蔓荞麦」

头花蓼

Polygonum capitatum

像金平糖一样小小圆圆的粉色花能从初夏一直开到秋天。蓼科独有的 V 形叶纹很天然可爱。生长旺盛，会不断地向外扩张，生长过于茂盛时要及时修剪。耐热耐干燥，能从初夏一直观赏到秋天，但到了冬天，地上的部分会枯萎。也有叶片带斑纹的品种。

- 蓼科多年生草本
- 株高 5~15cm ●冠幅 40~80cm
- 向阳 ●普通土壤
- 越冬○ 度夏○ ●使用类型 A

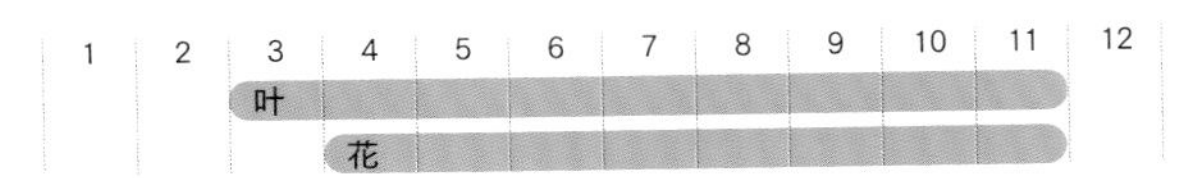

临时救‘莉曦’

Lysimachia congestiflora 'Lyssi'

亮绿色的大叶片上带有不规则的黄色斑纹，非常鲜艳。沿着地面伸展，茎的前端齐齐盛开黄色花朵，在花期显得非常壮观。喜微湿的土壤，不耐干燥。冬季落叶。夏季叶片容易灼伤，所以要避开直射光，但是放置在明亮的地方叶片颜色会更加鲜亮。

- 报春花科多年生草本
- 株高 10~20cm ●冠幅 40~60cm
- 向阳 ~ 短日照 ●普通土壤 ~ 保湿土壤
- 越冬○ 度夏○ ●使用类型 A

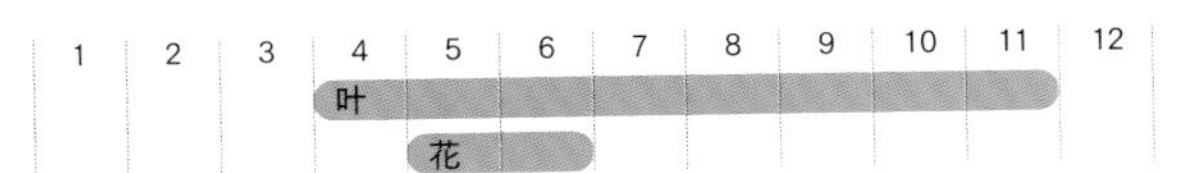

高山黄芩‘彩虹’

Scutellaria alpina 'Arcobaleno'

横向生长同时植株也茂盛起来，蓝白或者粉白相间的小花接连开放的样子十分惹人喜爱。叶片较小所以花开时显得更加华丽。到了冬天地面上的部分会枯萎。不会长得很高，所以株型容易控制。强健易于种植，可在花后修剪控制株型。适宜排水良好的环境。

- 唇形科多年生草本
- 株高 15~25cm ●冠幅 20~30cm
- 向阳 ●普通土壤
- 越冬○ 度夏○ ●使用类型 A

1	2	3	4	5	6	7	8	9	10	11	12
				花	花						

卷耳

Cerastium

银色的茎叶纤细而美丽，如地毯一般在地面上铺开。春天白色的小花成片开放非常壮观。根部不透气的话容易损伤，所以适合种在排水通风良好、高于地面的花坛或者斜坡中。控制施肥量更能促进开花。如果在较高的花坛等的边缘种植，可以观赏其如同溢出般的垂枝效果。

- 石竹科多年生草本（可作一年生）
- 株高 10~20cm ●冠幅 30~40cm
- 向阳 ●普通土壤
- 越冬○ 度夏 × ●使用类型 B1

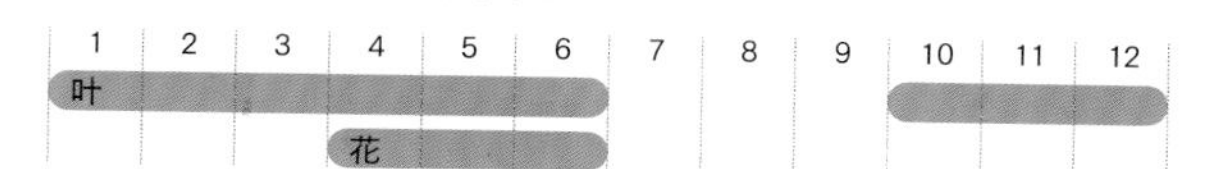

海滨蝇子草‘斑驳德鲁特’

Silene uniflora 'Druett's Variegated'

从秋天一直到早春，带有奶油色斑纹叶片十分美丽，可作为彩叶观赏。而到了春天，可以观赏其白色花朵，圆鼓鼓的花萼也是它的特色。耐寒，秋天种下可使植株健壮，春天也更容易开花。不耐夏季的高温高湿，所以常作为一年生草本植物种植。喜干燥的环境，可用作抬高式花坛的镶边。

- 石竹科多年生草本（可作一年生）
- 株高 10~20cm ●冠幅 20~30cm
- 向阳 ●普通土壤
- 越冬○ 度夏 × ●使用类型 B1

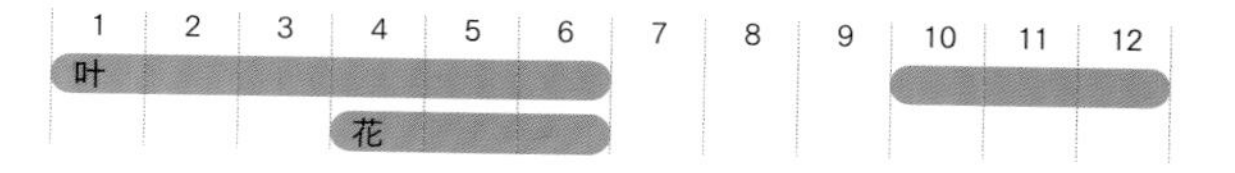

匍枝福禄考‘蒙特罗斯三色’

Phlox×stolonifera 'Montrose Tricolor'

匍匐性的福禄考。叶片的外侧带有白色的斑纹，在初春和冬天寒冷的时候会带些粉色，非常好看。除了叶色的变化，春天一直到初夏时节会大规模开出淡蓝色的花，并且还带有香味，都很值得观赏。秋天定植的话，到了春天植株健壮，更有利于开花，而且整个冬天都可以作为彩叶植物观赏。种植在树荫下之类的地方更容易度夏。

- 花葱科多年生草本
- 株高 10~25cm ●冠幅 20~30cm
- 向阳～短日照 ●普通土壤
- 越冬○ 度夏△ ●使用类型 B1

1 2 3 4 5 6 7 8 9 10 11 12

叶（1~12月）

花（4~5月）

M.Amano

M.Amano

也被称作瑞典常春藤

延命草‘黄金’

Plectranthus 'Golden'

金黄色叶片中央带有一抹绿色，非常漂亮。圆形的叶片厚实扁平，可以充分欣赏其美丽的叶色。通过摘心来增加分枝，圆圆的叶片成半球状密集生长，非常好看。叶片的背面和茎都略带红色，更能衬托出明亮的金黄色叶片。夏季应避开阳光直射，以免灼伤叶片。

- 唇形科多年生草本（可作一年生）
- 株高 20~30cm ●冠幅 35~45cm
- 向阳～短日照 ●普通土壤
- 越冬 × 度夏○ ●使用类型 B2

1 2 3 4 5 6 7 8 9 10 11 12

叶（5~10月）

莲子草‘马波尔皇后’

Alternanthera 'Marble Queen'

混合着红色与绿色以及黄色斑纹的叶片好像大理石一般美丽。植株长得茂盛之后，模样各异的小小叶片层层叠叠更有看点。生长旺盛，良好的分枝易于覆盖住地面。耐夏季炎热，种在草花的前面可以起到衬托的作用。秋季气温下降时更加显色，到了晚秋红色愈发明显。生长过快时要进行修剪。

- 苋科多年生草本（可作一年生）
- 株高 10~20cm ●冠幅 35~45cm
- 向阳 ●普通土壤
- 越冬 × 度夏○ ●使用类型 B2

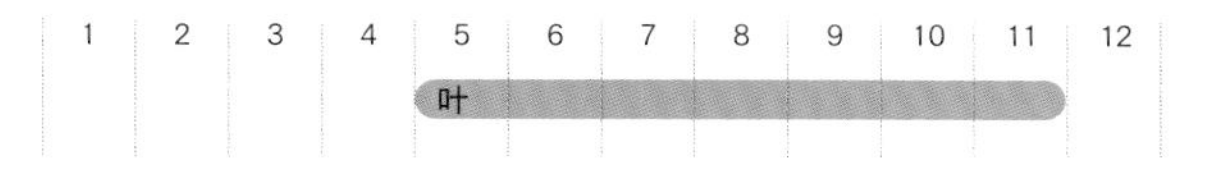

NP-Y.Itoh

蓝猪耳 卡持琳娜系列‘蓝河’

Torenia fournieri Catalina™ ‘Blue River’

非播种繁殖的蓝猪耳，分枝多，开放在每个节点的淡蓝色的小花给人一种清凉的感觉。从初夏到秋天都花开不停，可长时间观赏。因为生长速度很快，所以植株之间要保持充足的距离。在明亮的背阴环境下也能开花，所以非常适合种植在希望能有花的背阴角落。因为花开不断，所以要仔细剪除残花。

●玄参科常绿灌木
●株高 25cm ●冠幅 30~99cm
●向阳～短日照 ●普通土壤
●越冬△ 度夏○ ●使用类型 A

番薯

Ipomoea

耐炎热，具有攀缘性，叶片繁茂，覆盖住地面延伸。如果延伸过度需进行修剪，以增加枝条数量进行塑形。叶片大且颜色丰富。黑色叶片的品种，因为色彩鲜明，在花园里可起到收拢的作用。种在抬高式花坛里，其垂吊的姿态也能为花园增添一丝动感。

●旋花科多年生草本（可作一年生）
●株高 10~15cm ●冠幅 40~100cm
●向阳 ●普通土壤
●越冬 × 度夏○ ●使用类型 B2

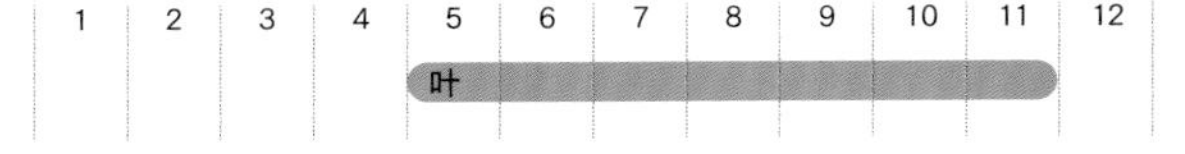

蔓柳穿鱼‘白色’

Cymbalaria pallida ‘Albiflora’

直径不足 1cm 的小白花和圆圆的小叶片铺满地面的样子十分可爱。茎纤细但生长旺盛。匍匐茎的发育非常快，短短一季就能以惊人的速度扩张。如果生长过度的话要进行修剪。在花坛的边缘种植使其垂下来，看上去更加生机盎然。

●玄参科多年生草本
●株高 5~10cm ●冠幅 60~100cm
●向阳～短日照 ●普通土壤
●越冬△ 度夏△ ●使用类型 B2

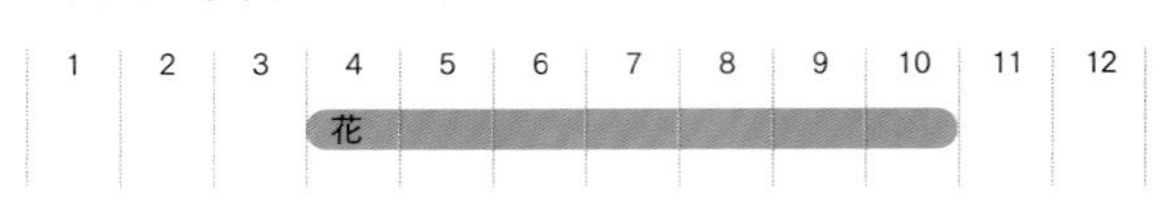

心叶黄水枝‘春日交响曲’

Tiarella Cordifolia ‘Spring Symphony’

春天盛开淡粉色的花，非常美丽。锯齿状叶片上有着黑色的叶脉，光是叶片就十分好看。花茎从茂盛的叶片中挺立而出，浅色的花似乎轻柔地漂浮在空中。花与叶的比例协调，植株越壮实，花的直立性越好。冬季天气寒冷时叶片会转为红色。耐热耐寒，强健易于栽培。

- 虎耳草科多年生草本
- 株高 30~40cm ●冠幅 25~30cm
- 向阳 ~ 短日照 ●普通土壤
- 越冬○ 度夏○ ●使用类型 A

1	2	3	4	5	6	7	8	9	10	11	12
叶											
		花									

琴叶鼠尾草‘紫色火山’

Salvia lyrata ‘Purple Volcano’

巧克力色的叶片如莲座般重叠长出，经过一年的生长，叶色越发美丽，极具观赏性。充足日照可使叶片颜色更加鲜艳。叶片从根部生长，所以株型紧凑。春天到初夏时分会长出淡紫色的花穗。强健易于栽培。自播繁殖很快，多余的植株要尽早清除。

- 唇形科多年生草本
- 株高 20~40cm ●冠幅 25~35cm
- 向阳 ~ 短日照 ●普通土壤
- 越冬○ 度夏○ ●使用类型 A

1	2	3	4	5	6	7	8	9	10	11	12
叶											
			花								

绵毛水苏

Stachys byzantine

叶片上有白色的茸毛，触感柔软。在地面上密布延展的样子十分漂亮。夏季高温多湿会导致根部闷热受损，所以要及时处理下部发黄的叶片，保持通风良好。初夏花茎大量长出，会开出淡紫色的花，但为了防止闷热，还是建议尽早从根部将其剪除。植株间距过小时要进行处理以拉开间距。

- 唇形科多年生草本
- 株高 30~80cm ●冠幅 30~40cm
- 向阳 ~ 短日照 ●普通土壤
- 越冬○ 度夏○ ●使用类型 A

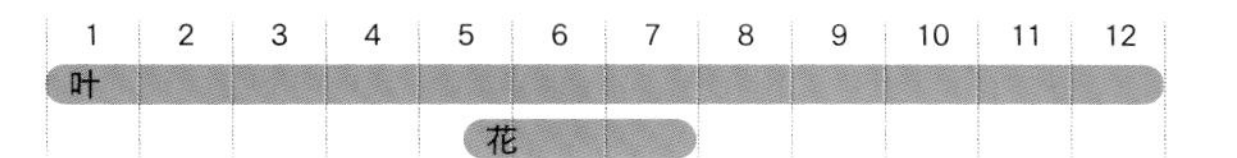

→初夏时伸长的花茎

彩叶植物

玉簪

背阴花园不可缺少的玉簪，叶片颜色、斑块形状以
及叶片的大小丰富多变，称得上是彩叶植物的代表。

提到装点背阴环境，玉簪是一定少不了的一种彩叶植物。不同品种的叶片颜色和形状各异，叶片大小和株型，以及姿态都各不相同，适用于各种场合和氛围。大大的叶片上伸展出长长的花茎，开出的花尽管算不上华丽，却有种悬浮在空中绽放的美感。

将几个品种的玉簪组合在一起，利用其不同的叶色及形态，也能打造富有魅力的花境。大片的叶子可作为整个花园的重点，和小花细叶组合在一起不仅能起到衬托的作用，还能给人带来安定沉稳的感觉。与齿形叶片或者细长叶片组合在一起看上去会非常水灵。

●天门冬科多年生草本
●短日照 ●普通土壤
●越冬○ 度夏○
●使用类型 A

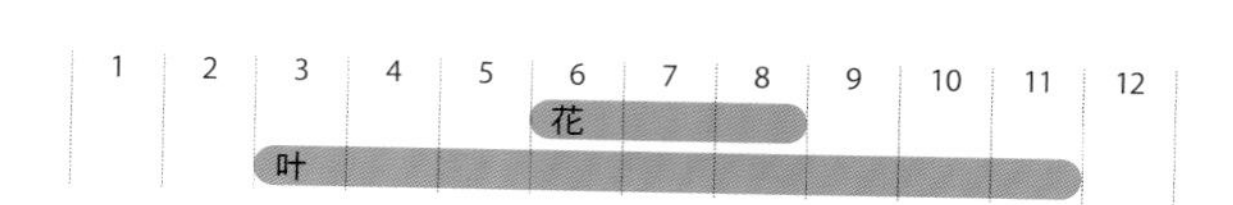

玉簪‘祷告之手’

Hosta 'Praying Hands'

扭转的叶片向上伸展的样子与众不同。深绿色的叶片边缘有条白线一般细的斑纹，使其更加夺目。植株形态独特，与大幅覆盖地面的其他玉簪品种相组合更加引人注目，可作为花园的焦点。花呈淡紫色。

●株高约 45cm ●冠幅约 40cm

Ogihara

NP-S.Maruyama

M.Amano

Gifu seed

玉簪‘爱国者’

Hosta 'Patriot'

外侧鲜明的白色斑纹与绿色形成强烈对比，看上去明亮利落。整个夏天一直到秋天白斑也不会变淡，能长时间观赏。叶片有一定厚度，比其他品种更耐日照。紫色的花也很美丽。

●株高约 50cm ●冠幅 60~100cm

玉簪‘白色羽毛’

Hosta 'White Feather'

春天发出的新芽就如其名“白色羽毛”一般是纯白的。这个时候叶片十分容易被灼伤，因此要放置在避开强日照的地方。从叶脉开始逐渐显绿，到夏天完全变成绿色，这一变化过程也值得关注。与其他品种相比生长稍缓。花为淡紫色。

●株高约 60cm ●冠幅约 40cm

玉簪‘彩绘玻璃’

Hosta 'Stained Glass'

叶片中心的明黄色斑纹让人印象深刻。大而圆润的叶片表面富有光泽，且凹凸有质感。明亮的颜色和光泽以及其体积感使其成为花园的焦点。花朵较大呈白色有香味，值得一看。

●株高约 50cm ●冠幅约 90cm

玉簪‘樱桃’

Hosta 'Cherry Berry'

尖尖的叶片细长挺立，看上去十分利落。黄色的内侧斑块与绿色的对比强烈。红色的叶柄越靠近根部颜色越鲜艳。叶片内侧的斑块春天呈黄绿色并且逐渐变白。花茎也略带红色，开淡紫色的花。

●株高约 25cm ●冠幅约 35cm

NP-S.Maruyama

S.Tsukie

S.Tsukie

重点植物
4

地被植物

筋骨草

匍匐筋骨草不仅叶片颜色丰富，形状大小也多变。
可在不同的场合和设计中搭配使用。

匍匐筋骨草的叶片常绿且紧密地贴着地面延伸，是地被植物的首选。叶色与形状各种各样，株型从紧凑到大型皆有。春天大量花茎直立伸展，开花场景也很壮观。

推荐和冬天落叶的宿根植物以及可直接种植的球根植物一同种植。与较矮的植物搭配时可以充当背景，搭配较高的植物时可以种在前面形成色块，突显后方的植物。由于根系浅，可以在其他植物难以扎根的树下和斜坡上种植。

全日照到短日照的广阔环境都能适应。但是极端干燥和闷热会造成植株损伤，应避开夏季阳光直射的环境。

- 唇形科多年生草本
- 短日照 ● 普通土壤
- 越冬○ 度夏○ ● 使用类型 A

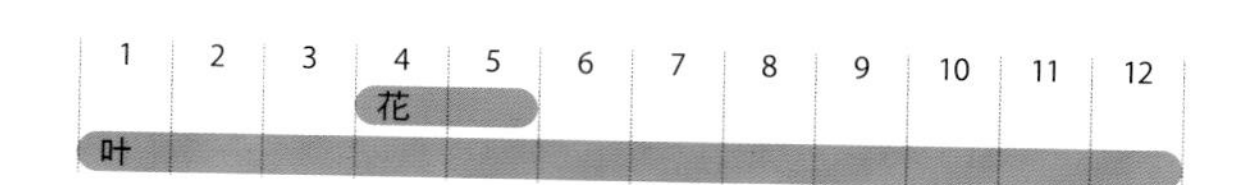

匍匐筋骨草‘粉色闪电’

Ajuga reptans 'Pink Lightning'

稍显灰色的绿叶边缘带有奶油色的斑纹。大而圆的叶片摸上去凹凸不平。粉色的花与叶片的组合十分美丽，种植在近景处可以提高整体的明亮度。和银色叶片或者青柠色叶片搭配会显得更加亮眼，与红褐色叶片搭配则给人一种时髦的感觉。

● 株高 10~15cm ● 冠幅 20~30cm

NP-H.Imai

Ogihara

匍匐筋骨草‘巧克力碎屑’

Ajugareptans ‘Chocolate Chip’

富有光泽的黑色细长叶片生长茂盛。最适合衬托周围的草花，对花境起到收拢的作用。纤细的叶形柔化了黑色叶片带给人的独特印象，易于与周围植物融合。生长较缓，即使种在狭窄的地方也不会过于泛滥。蓝色的花开成一片也非常壮观。

●株高 10~15cm ●冠幅 20cm

匍匐筋骨草‘迪克西碎片’

Ajugareptans ‘Dixie Chip’

叶片细长，亮绿色中带有一点银灰，奶油色的斑纹随意分布。春天冒出的新芽则是紫色中带一些粉色。植株饱满之后各色花纹的叶片重叠在一起，极具魅力。夏天的叶片绿色更浓，到了冬天则变成红色。株型较小，生长缓慢，适合狭窄的环境。开花性也不错。

●株高 10~15cm ●冠幅 20cm

匍匐筋骨草‘格雷夫人’

Ajugareptans ‘Grey Lady’

匍匐筋骨草中少见的带有金属光泽的银灰色叶片。边缘带有些许绿色或白色，十分精巧。种植在前景不仅提高了整体的明亮度，更添加了一分优雅时髦感。深紫色的花与叶片形成鲜明对比。天气寒冷时叶片还会转为紫红色。

●株高 15cm ●冠幅 20~30cm

匍匐筋骨草‘卡特琳巨人’

Ajugareptans 'Catlin's Giant'

大而圆的黑色叶片泛着光泽。仅仅是铺满地面的密集叶片就极有存在感。搭配在主景植物是纤细花朵的花境底部，可以增添利落沉稳的印象。花朵较大，开花时花穗直立，植株超过30cm时值得一看。

●株高 30~40cm ●冠幅 30~40cm

Ogihara

Gifu seed

宿根植物图鉴索引

植物名

主景植物

植物名

衔接植物

植物名

彩叶植物

植物名

植物名

地被植物

植物名

图书在版编目（CIP）数据

宿根花园设计与植物搭配 / 日本 NHK 出版编；（日）天野麻里绘监修；光合作用译. — 长沙：湖南科学技术出版社，2020.10（2021.5 重印）
ISBN 978-7-5710-0594-8

Ⅰ. ①宿… Ⅱ. ①日… ②天… ③光… Ⅲ. ①宿根花卉－观赏园艺 Ⅳ. ①S682.1

中国版本图书馆 CIP 数据核字(2020)第 095098 号

SHUKKONSOU DE TSUKURU JIBUNGONOMI NO NIWA
supervised by Marie Amano, edited by NHK Publishing, Inc.

Original Japanese edition published by NHK Publishing, Inc.

This Simplified Chinese language edition published by arrangement with NHK Publishing, Inc., Tokyo in care of Tuttle-Mori Agency, Inc., Tokyo through Shinwon Agency Co. Beijing Representative Office.

SUGEN HUAYUAN SHEJI YU ZHIWU DAPEI
宿根花园设计与植物搭配

编　　者：日本 NHK 出版
监　　修：[日]天野麻里绘
译　　者：光合作用
责任编辑：李　霞　杨　旻
封面设计：周　洋
责任美编：刘　谊
出版发行：湖南科学技术出版社
社　　址：长沙市湘雅路 276 号
网　　址：http://www.hnstp.com
湖南科学技术出版社天猫旗舰店网址：
http://hnkjcbs.tmall.com
邮购联系：本社直销科 0731-84375808

印　　刷：长沙市雅高彩印有限公司
（印装质量问题请直接与本厂联系）
厂　　址：长沙市开福区中青路 1255 号
邮　　编：410153
版　　次：2020 年 10 月第 1 版
印　　次：2021 年 5 月第 2 次印刷
开　　本：889mm×1194mm　1/16
印　　张：8
字　　数：202 千字
书　　号：ISBN 978-7-5710-0594-8
定　　价：58.00 元